认识中国湖

薛滨 郭娅 龚伊 陈怡嘉 著

UNDERSTANDING
CHINA

丛书主编 周忠和　　执行主编 郑永春

上海科技教育出版社

丛书序

"大哉我中华！大哉我中华！东水西山，南石北土，真足夸。泰山五台国基固，震旦水陆已萌芽，古生一代沧桑久，矿岩化石富如沙……"这首由尹赞勋、杨钟健两位地学泰斗在1940年作词的《中国地质学会会歌》，唱的就是华夏大地的锦绣山河。山川草木、江河湖海、水土矿藏、毛羽鳞介、文遗瑰宝、风土人情，长城内外，大江南北，正有多少大好景色等待着中国的少年们去探索、去体验！

然而，如今很多孩子从小生活在城市的钢筋水泥丛林中，远离大自然。"天苍苍，野茫茫，风吹草低见牛羊"，这样的画面他们或许只是读过，却从未见过；他们能认得小区楼下的蚂蚁和蜗牛，却没有观赏过草丛中一闪一闪的萤火虫，没有跟随过山林间成群起舞的蝴蝶；他们见到过动物园里懒洋洋的各地动物，但从来没有被它们自由驰骋的样子所震撼；他们没有下河抓过鱼，没有欣赏过漫山遍野的野花，闻不到泥土的芬芳，感受不到大自然的馈赠。出版这套"认识中国书系"，就是想帮助少年们认识祖国的山山水水、鸟兽鱼虫，只有认识了它们，才能从内心生发亲近之情，才能更加关切它们、热爱它们。

在中华文明史上，"中国"一词的含义曾不断发生变化。我们目前所能看到的最早的"中国"字样，出现于1963年陕西省宝鸡市出土的西周早期文物——何尊，距今约3000年。何尊上有铭文122字，其中包括"宅兹中国，自兹乂民"，意思是说，以此地为天下的中心，统治民众。这里的"中国"是指中央之地，帝都之所。历史上华夏族大多建都于黄河南北，所以称这里为"中国"，"中土""中原""中州""中华"与此含义相近。"中国"的别称还有"九州""禹域""赤县""神州"等。1912年后，"中国"成为中华民国的简称。1949年10月1日后，"中国"成为中华人民共和国的简称。中国上下五千年，纵横上万里，要认识中国今日取得的伟大成就,势必也要认识大美中华河山,以及与之相关的中华传统文化,两者密不可分。

梁启超先生在《少年中国说》写道:"少年强则国强,少年智则国智。"希望这套丛书可以为少年启智,助少年成长。丛书带着少年们去了解的,既有科学,也有人文,其中"中国物""中国事""中国人",精彩纷呈,相映成辉;阅读之后,少年们不仅收获知识,更收获思维、方法、精神;不仅开阔视野,更陶冶情操。

人生最好是既能读万卷书,又能行万里路,两者相得益彰。期盼我们的"认识中国书系"可以成为少年们尽览华夏大地璀璨风貌的亲密伙伴!

认识中国,是为了更好地热爱这片大地,为了建设更美好的中国!

周忠和
中国科学院院士
中国科学院古脊椎动物与古人类研究所研究员
中国科普作家协会理事长

前言

湖泊是大地的眼睛，它的存在令大地生机勃勃。湖泊是地表水资源的重要载体，对区域乃至全球环境变化和人类安全具有重要的影响。湖泊及其流域自古以来就是人类的栖息地，与我们的生存息息相关。

我国是一个多湖泊的国家，拥有面积 1 平方千米以上的自然湖泊近 2700 个，湖泊总面积 8 万多平方千米，约占我国国土总面积的 0.9%。湖泊生态环境的保护与治理事关国家生态文明建设，也事关区域、国家乃至全球人类的福祉和可持续发展，是统筹山水林田湖草沙系统治理、建设美丽中国、践行"绿水青山就是金山银山"理念的重要体现。

认识中国的湖泊，就要使公众深入了解中国湖泊的形成和演化、分布和特点、现状和问题，了解湖泊中的物理、化学、生物、地质等方方面面的科学知识，了解不同类型、不同区域湖泊的故事，了解我国湖泊资源和生态环境面临的压力。这对于提升社会公众自觉保护湖泊的意识、优化人文地理环境、建设美丽中国、实现中华民族的永续发展具有十分重要的意义。

这本《认识中国湖》面向广大青少年，旨在服务科普教育，引导他们热爱湖泊，了解身边的湖泊，激发他们学习湖泊科学知识的兴趣；同时，也进一步传播普及湖泊科学与文化，真正落实习近平总书记"科技创新、科学普及是实现创新发展的两翼，要把科学普及放在与科技创新同等重要的位置"的重要指示，让科学走出象牙塔，把知识传播到全社会。

薛滨
中国科学院南京地理与湖泊研究所研究员
湖泊与环境国家重点实验室常务副主任
国家林草局呼伦湖湿地定位观测研究站站长

怎样读这本书

不要怀疑,《认识中国湖》就是一本为你定制的书。在中国科学院南京地理与湖泊研究所老师们的指导下,中国湖泊对你来说将不再是"陌生人"。

本书介绍了中国湖泊取名的由来、它们的形成和发展、湖泊的化学和物理性质、湖泊中的生物群落,以及各地重要湖泊。最后,还探讨了湖泊与我们的关系。

在阅读这本书时,你会发现一些简短有趣的小栏目,那是你探索湖泊旅途上的路标。

"科学概念"对文中出现的科学名词进行解释,帮助你全面理解它们。

"科学思维·科学方法"帮助你梳理相关的科学思维和科学方法,这样你就可以慢慢培养良好的科学思维习惯,学会应用一系列科学方法,像科学家那样去解决遇到的各种难题。

"文化漫游"把科学和中国传统文化结合在一起,为你打开新的探索之门。

"趣味坊"为你带来跨学科、跨领域的学习材料,为你的阅读增加一点"调味料"。

"再想一想"提醒你:在科学探索的旅程中,新的问题一直会生发出来,永远不要忘记问"为什么""会怎么样"。

"中国人·中国事"向你展现了中国科学家在湖泊研究中所经历的艰苦探索历程和取得的傲人成就,请你为他们自豪吧!

在每一章的最后,为你提供了"交流展示"的机会,希望你边读、边想、边做,把你的成果记录在这里,成为以后进一步探索的阶梯。

祝你的湖泊探索之旅顺利!

2
第一章
初识中国湖

一、今昔南北湖泊名　　4
二、星罗棋布中国湖　　14

交流展示　　19

20
第二章
湖泊的出生与成长

一、天地之变育水泽　　22
二、沧海桑田筑变迁　　30
三、万千时光在湖底　　34

交流展示　　39

40
第三章
湖泊"内心"的秘密

一、青苍绿碧话水色　　42
二、平波暗流说水层　　46
三、阴阳离子定水性　　52
四、咸涩甘甜皆有因　　54
五、湖水"体检"有指标　　56

交流展示　　61

目录

62
第四章
湖中生命乐章

一、湖中"背景音"	64
二、"吃"是"主旋律"	72
三、隐身的伴奏者	80
四、水生生物协奏曲	84
交流展示	91

92
第五章
中国湖,各有故事

一、青藏高原的"山脉之眼"	94
二、蒙新高原的"天空之镜"	100
三、云贵高原的"云雾之家"	112
四、东部平原的"温柔之乡"	116
五、东北大地的"丰饶之源"	136
交流展示	147

148
第六章
我们的湖与我们

一、远古文明的养育者	150
二、沉默可靠的守护神	152
三、我们是生命共同体	162
交流展示	171

第一章
初识中国湖

一个个湖泊就像一颗颗璀璨的明珠，镶嵌在中国大地上。你对身边的湖泊了解多少？你知道它们的过去、现在和未来吗？中华民族的繁衍发展、文化积淀与这片土地上的湖泊是分不开的。认识中国湖泊的旅程始于文字、始于书本，但你与湖泊的真正相遇则需要亲身去体验。

一 | 今昔南北
　　湖泊名

太湖畔的春季（奚和平/摄）

中华大地上的湖泊生生不息，滋养着流域内的大片土地。湖泊为我们提供水源、调节气候、调蓄洪水、贯通航运——中华文明的崛起离不开湖泊，湖泊本身也成为中华文化底蕴的一部分。

在古代，湖泊被称为"泽"。汉代民俗著作《风俗通义》中就有对"泽"的解释："水草交厝，名之为泽。"司马迁在《史记》中写道："禹抑洪水十三年，过家不入门……通九道，陂九泽，度九山。"这里的"九泽"，指的就是上古时期九个较大的湖泊：大陆泽、雷夏泽、大野泽、孟诸泽、荥泽、菏泽、云梦泽、彭蠡泽和震泽。沧海桑田，斗转星移，"九泽"中的前"六泽"走完了自己作为湖泊的一生，已被淤平。云梦泽、彭蠡泽和震泽都不同程度地发生了淤积，它们的古名也渐渐不再被提起，现在，再没有以"泽"命名的湖泊了。

随着语言和文化的变迁，这些或大或小的水体获得了新的称谓。通常，面积小而岸线圆滑的会被称为"池""塘""潭"，面积较大的则被称为"湖""泊"。此外，根据湖泊所在地特定的自然和历史人文背景，结合当地居民对其惯用的称谓，湖泊也有以音译冠名的情况。1949年以后，在充分尊重当地民族习惯、宗教信仰和文化背景的基础上，我国确定了各个湖泊的正式名称，在各类出版物、地图上进行了统一。

我国幅员辽阔，各地语言文化多样，这一点在湖泊的命名上体现得尤为明显，各地的湖泊名称多样而富有特色。现在的湖泊名称里除了带有众所周知的"湖"字外，比较常见的还有"泊""淀""池""荡""漾""潭""水""泡/泡子"

"海/海子""诺尔/淖/淖尔""库尔/库勒""错""茶卡"等。湖泊的名字带着历史文化的印记,向我们展示着绚丽多姿的地域风情。历史上存在过的一些湖泊虽然消失了,但它们的名字已载入史册。我们梳理了我国面积在 1 平方千米以上的自然湖泊的名称,总结了一些有趣的规律。

1. 直白的名字——"湖"

"湖"字的本义是被陆地包围的、长有水生植物的大型水体。据统计,我国面积在 1 平方千米以上的近 2700 个湖泊中,约 42% 直接以"湖"为名。比如我国的五大湖——鄱阳湖、洞庭湖、太湖、洪泽湖、巢湖等。唯一个以所

鄱阳湖畔湿地（奚和平/摄）

在省名直接命名的湖泊是青海湖。从地域分布上看，除了我国东北平原的黑龙江省、吉林省、辽宁省，以及青藏高原南缘部分区域外，全国其余地区均有大量"名副其实"的湖泊。

除了"湖"外，在东部平原地区还存在大量以"淀""泊""荡""漾""池""潭""洼"等命名的湖泊。如白洋淀（河北省）、梁山泊（现山东省东平湖）、南湖荡（江苏省）、大莳漾（上海市）、蓼花池（江西省）、商鞅潭（江苏省）、团泊洼（天津市）等，见名即知。

文化漫游

湖

"大陂也。从水胡声。扬州浸，有五湖。浸，川泽所仰以灌溉也。"（《说文解字》）

陂，指水池。地表相对封闭的洼地积聚水就成了湖。

云南省草海(李凯迪/摄)

云南省龙潭海子(李凯迪/摄)

2. 同字不同义——"海/海子"

现代汉语中,"海"是指大洋靠近陆地的部分。不过,在有些地区,大湖也被称为"海"。此"海"非彼"海",很多沿用至今的湖泊名称都带"海"字。

"海"或"海子"的叫法,源于蒙古语,指湖泊、水潭。北方一些民族把水草肥美的湖泊称为"海",意为"花园"。以"海"为名的湖泊分布非常广泛,全国除了东北、长江中下游,以及西藏南部少数地区外,绝大多数地区都存在以"海"命名的湖泊。比如北京的什刹海、北海,内蒙古的乌梁素海、岱海,甘肃的青海、尕海,新疆的布伦托海、死海子,云南的洱海、程海,贵州的大海子,四川的邛海等。

文化漫游

海

"天池也。以纳百川者。从水每声。"(《说文解字》)

用作湖泊名时与原意不同。如,清代《日下旧闻录》中写道:"北人凡水之积者,辄目为海。"

3. 十足东北范儿——"泡/泡子"

说到东北地区的湖泊,大家一定会想到镶嵌在崇山峻岭之中的长白山天池、五大连池。其实,广袤的东北大地三面环山,其大部分属于现代沉降地区,是一片由河流形成的宽广的冲积平原,上面分布着大片湖沼湿地,发育出了众多小型湖泊。这些湖泊在当地被称为"泡"或"(盐)泡子"。"泡"或"泡子"为北方方言,特别是在东北、蒙东地区,山林草原间的小型湖泊都被称为"泡",如月亮泡、龙虎泡等。在这几个区域内,十个湖泊九个

内蒙古自治区额尔古纳河畔的月亮泡（邹伟/摄）

"泡"。它们的成因多与近期地壳沉陷、地势低洼、排水不畅和河流摆动有关。这类湖泊通常具有面积较小、湖盆坡降平缓、现代沉积物深厚、湖水浅和矿化度高等特点。

4. 来自雪域高原的美称——"错/措""茶卡"

青藏高原海拔高、空气稀薄、气候寒冷干燥，纯净的高原环境孕育了众多高原湖泊，湖群稠密，湖泊数量达到1055个。在藏语中，湖泊的读音为"cuò"，汉字写作"错"。因此，在藏语区，绝大多数的湖泊都称为"错"，如纳木错、

西藏自治区中部的纳木错（施坤/摄）

色林错、羊卓雍错等。个别湖名也有按原本的习惯写成"措"的。为了尊重使用惯例，其名称也沿用至今。

青藏高原区域内，以"错"或"措"为名的湖泊有571个。有些湖泊的名字还加上了一些修饰词，比如"仁错"——意思是"山湖"，指一面较开阔，其余部分均靠山的湖泊，如格仁错、昂拉仁错等；又如"雍错"——在藏语中，"雍"的读音意为"绿松石"，"雍错"可以理解为"颜色如绿松石一般的湖"，如当惹雍错、玛旁雍错等。藏语中对盐湖有专门的称呼："茶卡"，比如青海的茶卡盐湖，还有西藏的扎布耶茶卡、结则茶卡等。

天山天池位于新疆维吾尔自治区天山博格达峰下,是第四纪冰川活动中形成的冰碛湖(吴其慧/摄)

5. 满满蒙新风情——"诺尔/淖/淖尔""库尔/库勒"

蒙新地区包括内蒙古自治区、新疆维吾尔自治区,以及河北省西北部地区。这个区域地处内陆,气候干旱,降水少,河流和地下水会向汇水洼地中心积聚,发育成内陆湖泊。

蒙新地区的方言也影响着湖泊的命名。蒙古语"nagur"是对湖泊的一种称呼,在汉语中被音译为"诺尔""淖尔"。比如,充满神秘色彩的、中国曾经的第二

西居延海边有大片湿地 ⓥ

大咸水湖——罗布泊，当地名称为"罗布淖尔"。还有，我国北方的第一大湖——呼伦湖，被当地人称为"达赉诺尔"；西居延海也被当地人称为"嘎顺诺尔"等。在内蒙古自治区以"淖""淖尔"或"诺尔"为名的湖占了近60%。

同样，新疆维吾尔自治区也有专属的湖泊别称——"库勒"，如尕斯库勒、阿克库勒等。不过，目前直接沿用"库勒"的湖名已经较少了。

13

二 | 星罗棋布
　　　中国湖

宁夏回族自治区银川平原上的沙湖是沙漠中一片碟形洼地,大量水生植物和水鸟栖息于此 ⓨ

中国是一个湖泊资源丰富的国家，湖泊数量众多、类型多样。全中国的湖泊总贮水量约7077亿立方米，其中淡水贮量2249亿立方米，占我国陆地淡水资源量的8%。根据全国第二次湖泊调查（2010年）的数据，在中国大地上，面积超过1平方千米的自然湖泊有2693个，它们总面积达到81 414.6平方千米，约占国土面积的0.9%。

遍布全国各地的湖泊，可分为青藏高原湖区、蒙新高原湖区、云贵高原湖区、东北平原及山地湖区和东部平原湖区五大湖区。其中以中国东部平原和青藏高原两大区域湖泊最为密集，形成了中国东西相对的两大稠密湖群。

1. 青藏高原湖区

青藏高原湖区是拥有面积1平方千米以上湖泊数量最多的湖区，也是面积最大的湖区。湖泊数量1055个，总面积41 831.7平方千米，分别占全国湖泊总数量和总面积的39.2%和51.4%。

2. 蒙新高原湖区

蒙新高原湖区拥有面积1平方千米以上的湖泊514个，总面积12 589.9平方千米，分别占全国湖泊总数量和总面积的19.1%和15.4%。

3. 云贵高原湖区

云贵高原湖区拥有面积1平方千米以上的湖泊65个，总面积1240.3平方千米，分别占全国湖泊总数量和总面积的2.4%和1.5%。

4. 东北平原及山地湖区

东北平原及山地湖区拥有面积1平方千米以上的湖泊425个，面积4699.7平方千米，分别占全国湖泊总数量和总面积的15.8%和5.8%。

5. 东部平原湖区

东部平原湖区拥有面积1平方千米以上的湖泊634个，总面积21 053.1平方千米，分别占全国湖泊总数量和总面积的23.5%和25.9%。

西藏然乌湖是西藏东部著名外流湖,海拔超过3800米,由三个串珠状的湖泊组成 ⓨ

东部平原、云贵高原、东北平原及山地三大湖区属外流区,属于亚洲季风湿润气候,湖泊大多为开放的淡水湖,与外流河相通,湖水能流进也能排出;青藏高原湖区和蒙新高原湖区基本属于内流区,湖泊大多为内流河的归宿,河水流入湖泊,但湖水不能流出,且地处干旱半干旱气候区,湖泊大多为封闭的咸水湖或盐湖。

科学概念

外流区
最终注入海洋的河流叫外流河,其流域所在区域被称为外流区。我国的外流区面积约占全国陆地总面积的三分之二,如黄河流域、长江流域等。

内流区
最终流入内陆湖泊或在内陆断流的河流叫内流河,其流域所在区域被称为内流区。我国的内流区多分布在西北地区和青藏高原中北部干旱地带。

外流湖
外流湖指年蒸发量等于或低于年降水量,具有排水口,与河流相通,最终会汇入海洋的湖泊,其湖水盐度较低。

内流湖
内流湖指年蒸发量大于年降水量,没有地面或地下出口的湖泊。由于水量消耗主要靠蒸发,其湖水盐度较高。

中国湖泊科学奠基人——施成熙

1937年春,施成熙(右)与母亲(中)、弟弟施雅风(左)合影(中国科学院南京地理与湖泊研究所/供图)

施成熙教授,字止敬,我国湖泊科学的奠基者。1910年,他出生于江苏省海门县(今南通市海门区),早年毕业于杭州之江大学土木系,1937年赴美留学,获美国康奈尔大学土木工程硕士学位。

中华人民共和国成立后,施成熙教授曾担任华东军政委员会水利部水文资料整编委员会副主任、主任,河海大学教授,中国科学院南京地理研究所特约研究员,以及中国海洋湖沼学会副理事长等多项职务。他的主要研究方向是水文学,是我国水文教育在水文地理学和物理水文学这两个领域的开拓者之一。施教授组织了对中国湖泊的全面考察,首先发现了温带浅水湖泊的多循环现象,改变了传统的双循环概念。

施成熙教授把毕生精力倾注于中国的水文研究和教育事业。他在大学先后讲授过普通水文学、湖泊水库水文学、沼泽水文学、陆地水文学原理、水文地理学、水利调查等多门课程,还编写了大量教材,培养了一大批优秀的湖泊科学研究人才。

1958年,施成熙教授受中国科学院的委托,在南京地理研究所(今南京地理与湖泊研究所)组建了我国第一个湖泊研究室。现在,这个研究室已发展成为学科齐全的全国湖泊研究中心。他还主持建成了我国第一个湖泊实验站——宜兴湖泊实验站,从此开启了我国湖泊野外实验研究工作。

交流展示

我发现,我家附近的湖有:
_____

最大的一个湖的名字是:
_____

它的名字有一个有趣的来历:
_____

我喜欢它,因为它非常美丽(用文字、图画、照片等展现):

_____

_____

_____

第二章
湖泊的出生与成长

你或许可以把湖泊看成一种巨大的生命体，它们和地球上的生物一样有着出生、成长、衰老和死亡的生命历程，也会经历各种磨难和变化。这或许会让你感觉更亲切，更懂得珍惜它们现在的样子。

一 | 天地之变育水泽

云南省的抚仙湖是典型的构造湖（李凯迪/摄）

对湖泊成因最简单的描述是：洼地积水即成湖。洼地作为湖盆，其形成原因大致分为三种：地球内部因素、地球表面因素和外太空因素。来自地球内部的形成因素包括地壳运动和火山爆发，地表因素包括风和水（河流、海洋和冰川），来自外太空的因素则是陨石坠落。科学家根据湖盆的成因对湖泊进行了分类。不同的成因让湖泊的风貌多姿多彩。

1. 构造湖

构造湖是指在因地壳内力作用形成的构造盆地中潴水而形成的湖泊。地壳的构造运动会造成陆地上升和地层断陷、坳陷、沉陷。前者形成了里海、咸海等湖泊，后者则形成了中非的裂谷湖群及欧亚大陆上的贝加尔湖等湖泊。构造湖一般为深水湖，湖形狭长，储水量大，湖泊自净能力强。

西伯利亚的贝加尔湖是构造湖的典型代表，中国云贵高原上的滇池、洱海和抚仙湖也是构造湖。

2. 火山口湖

火山爆发形成的湖泊类型多样，主要分为火山口湖和火山熔岩堰塞湖两种。火山口湖是由火山喷火口休眠以后积水而成的湖泊，呈圆形或椭圆形，湖岸陡峭，湖水极深。中朝边境上的长白山天池即是一个火山口湖，它的整个湖底是一座休眠火山的火山口。相传女娲正是在长白山岩浆翻滚的巨大火山口中，炼成了补天之石。吉林省的小龙湾等诸多龙湾也是典型的火山口湖。

小龙湾火山口湖(薛滨/摄)

布满火山岩碎石的五大连池湖岸

3. 堰塞湖

火山喷出的熔岩、地震引起的崩塌、冰川与泥石流引起的滑坡等原因会造成河床壅塞，截断水流出口，其上部河段会积水，堰塞湖就是这样形成的。比如，黑龙江省的五大连池就是火山熔岩堰塞湖，熔岩流迫使白河原河床东移，又将新河谷隔断，形成了呈串珠状排列的五个火山堰塞湖。

地震后由于山体滑坡进而阻塞河流形成的堰塞湖是地震次生灾害之一。唐家山堰塞湖是汶川大地震后形成的最大堰塞湖，也是北川灾区危险最大的一个堰塞湖，当时经过一个月的抢险才解除危机。

贵州省的草海（代亮亮/摄）

西藏自治区的拉姆拉错（奚和平/摄）

4. 岩溶湖

碳酸盐类地层经水流的长期溶蚀而形成的岩溶洼地、岩溶漏斗或落水洞等被堵塞、积水，就会形成岩溶湖，如贵州省的草海。

5. 冰川湖

冰川湖是由冰川挖蚀而形成的坑洼和冰碛物堵塞冰川槽谷积水而形成的湖泊。我国的冰川湖主要位于念青唐古拉山和喜马拉雅山区。巨大的冰川会在重力作用下

科学概念

冰川终碛

冰碛是指由冰川冰汇集起来、在融化时直接堆积下来的堆积物。在冰川末端的冰碛被称为终碛。

由高处向低处移动，厚重的冰在移动时会对接触面产生侵蚀，形成冰川地貌。而且，冰川不但自己"走"，也会带着东西一起"走"，这些东西被称为冰碛。在这个移动过程中，海拔降低或气候变暖等原因引起的温度升高，会使冰川逐渐融化，形成冰蚀湖（冰斗湖）、冰碛堰塞湖、冰面湖及冰下湖等。冰川不仅塑造地貌、形成洼地，其融水也是冰川湖的主要水源补给。西藏的拉姆拉错就是典型的冰川湖，四川省新路海是我国最大的冰川终碛堰塞湖。

甘肃省敦煌月牙湖

山东省的南四湖是微山湖、昭阳湖、独山湖、南阳湖4个相连湖的总称（邹伟/摄）

6. 风成湖

沙漠中低于潜水面的丘间洼地，经其四周沙丘渗流汇集而成的湖泊是风成湖。风成湖一般都是些不流动的死水湖，而且面积较小，水浅而无出口，常是冬春积水，夏季干涸。在巴丹吉林沙漠的高大沙山之间的低地上有不少小型风成湖分布。敦煌附近的月牙湖就是风成湖。

7. 河成湖

河成湖是由于河流摆动和改道而形成的湖泊。它又可以分为三类：一类是由于河流摆动，天然堤堵塞支流而形成的湖，如鄱阳湖、洞庭湖等；二是由于河流本身被外来泥沙壅塞，水流宣泄不畅，潴水成湖，如南四湖等；三是河流裁弯取直后，废弃的河段形成的牛轭湖，如内蒙古的乌梁素海。

浙江省的东钱湖是远古地质运动形成的天然潟湖（邹伟/摄）

浙江省的千岛湖是著名的水库、人工湖

8. 海成湖

海成湖是由于泥沙沉积使部分海湾与海洋分割而形成的湖泊，通常称作潟湖。潟湖原本是海的一部分，但因潮流所携带泥沙的堆积，久而久之，潟湖海湾与大海隔开。湖中最初为纯海水，但失去与大海的交流后，可能继续演化成为淡水湖，如杭州西湖、宁波东钱湖等。

9. 陨石湖

陨石湖是由陨石撞击地表所形成的湖泊。大部分陨石都会在大气层中烧尽，不会带来伤害，偶尔有大型陨石撞击才会形成陨石湖。中国台湾的嘉明湖就是一个陨石湖。

10. 人工湖

人工湖一般是人们有计划、有目的地挖掘出来的湖泊，包括一些景观湖和大型的水库，如洪泽湖、千岛湖等。

除了以上这些类型的湖泊外，我们还能看到由瀑布冲击形成的瀑布潭湖、由急流侵蚀形成的侵蚀湖等类型的湖泊。在自然界中，湖泊的形成一般都是多种因素导致的结果。这些因素互相影响、交织，生成了一个个特征不同、各有风姿的湖泊。

科学思维 科学方法

分类

这里科学家应用了分类的方法对湖泊进行研究。

分类就是按照某个标准（如湖泊的成因）对事物进行归类。分类需要制定统一的分类标准。

二 | 沧海桑田筑变迁

4800年前,一次火山爆发的熔岩堆积成玄武岩堰塞堤,堵塞了河流,形成了镜泊湖 ⓨ

生老病死是大自然的规律,湖泊也不例外。相对于山、川、海洋而言,湖泊的生命要短暂得多,一般只有几千年至数十万年。天然湖泊的演化一般分为"形成—扩张—萎缩—消亡"四个阶段,分别相当于人的婴幼儿期、青壮年期、老年期和衰亡期。洞庭湖和鄱阳湖正从青壮年走向老年,微山湖和白洋淀则处于老年阶段。

影响湖泊生命过程的因素一般有地质构造因素、气候因素、河流因素、人类活动因素。

地质构造是湖盆形成的基础,决定了湖泊形态、湖水的补给条件。一般来说,地质构造发育初始阶段,往往会形成浅水湖沼;地质构造下沉强烈,会发育成深水湖。随着区域地质构造运动趋于稳定,沉积作用大于沉降作用,水域又会逐渐变浅;当水体富营养化,水生植物逐渐繁盛,湖泊也就开始了消亡的历程。

气候条件对湖泊的塑造更为直接,其中,降水量与温度对湖泊的影响最显著,因为降水量和蒸发量的改变直接控制了湖泊进出水量的平衡。当北半球的气候逐渐变冷时,中国大地变得南涝北旱,西部、西北部的许多湖泊逐渐收缩咸化;东部长江中下游在这一阶段则处于成湖期,现存的大湖多数形成于这个时期。

河流对湖泊的形成和消亡也有重要影响,在我国东部的大江大河附近,这一点表现得尤为明显。长江的干流在冲积平原上"摆动"。它南摆时阻碍了赣江排水,形

 趣味坊

"黄河夺淮"

1194年,黄河在河南阳武(今河南原阳)决口,河水奔流到东梁山泊后,因地形限制分为南北两支,其中南支与泗水汇流,一直向南流入淮河下游的清口(今江苏省淮安市附近),由此拉开七百多年的"黄河夺淮"史。

在这七百多年间,黄河洪水在淮河流域到处泛滥,挟带的大量泥沙淤塞了淮河的干流和许多支流,淮河水系被打乱,淮河清口以下的河床越淤越高,成为地上河。

① 形成阶段：营养盐类贫乏而生物生产量较少，透明度较高，底层水溶解氧充足。

② 扩张阶段：水生植物生产量巨大，浮游生物大量繁殖，湖泊逐渐富营养化。有机质沉积物渐渐增多，挺水植物、沉水植物等开始扎根。

③ 萎缩阶段：湖泊缩小变浅，湖泊沉积物中含有大量植物根系和残体，湖泊向沼泽演化，分布着若干水坑、水塘，水生动植物生存其中。

④ 消亡阶段：湖泊完全变成平地，完成水生生物群落向陆生生物群落的转变。

湖泊的生命历程与物种演替（许悄/绘）

成了鄱阳湖。长江北岸原有的大湖古云梦泽、古彭蠡泽则因长江南移而萎缩，分裂成若干小湖。"黄河夺淮"入海，泥沙淤积在淮河下游，形成了洪泽湖、女山湖；黄河、海河摆动迁徙，形成了东平湖、白洋淀等。在地壳强烈活动的山地高原地区，河流侵蚀迅速，则造成一些湖泊湖水疏干、消失，仅保留了古湖盆形态和古湖相沉积物。

近百年来，人类活动不断加强，人类对湖泊演化的影响也越来越大，主要表现在围湖造田、水土流失和拦河建闸等方面。

湖盆的淤积和湖水的干涸会造成湖泊死亡。前者使得湖泊逐渐变成沼泽，最终演化成陆地；后者可能导致湖盆萎缩，湖水咸化，最终变成干盐湖。上游来水量减少、气候变化引起的降水减少、湖泊蒸发加剧、地下水位下降等都是湖泊衰老的诱发因素。历史上，消亡的湖泊不计其数，最著名的当数罗布泊。它的消亡很可能也导致了昔日繁盛的楼兰古国的消亡。

黄河在历史上不止一次改道，对周围的地形造成了深远影响 ⓨ

三 | 万千时光
在湖底

中国科学院研究人员对青藏高原的湖泊开展调研（中国科学院南京地理与湖泊研究所/供图）

湖泊科研人员在不同区域采集样品（中国科学院南京地理与湖泊研究所/供图）

说到湖泊的生命历程，就不得不说湖泊沉积物了。对于湖泊沉积物最通俗的理解就是"湖底的泥巴"。这些泥巴里储存着湖泊生命历程里所有古代环境演变的记忆。研究湖泊的科研人员往往会将湖底泥视为珍宝。

这些泥巴可以帮助科研人员揭开几百万年的时光面纱，解读湖泊的生命历程，解读地球家园经历的环境演变。不过，这些由"泥巴"讲述的历史要经过湖泊沉积学家们的"翻译"才能被人们听懂。

每个湖泊都是一个系统，从集水盆地的气候和地质条件，到湖水的物理、化学性质，再到湖泊的生产力和有机质的堆积，其间都有着"牵一发而动全身"的联系。湖泊沉积物中包含了湖泊以外集水盆地（如植被变迁、泥沙输入）和湖泊水体（如藻类生产力、水质变化）的信息；湖水表层（如波浪作用、浮游生物）和底层环境（如水底含氧量、底栖生物群落）的信息；沉积作用（如生物扰动）和成岩作用（如次生胶结）的信息。而且，湖泊沉积物还有着高度的连续性和高分辨率优势（可精确到年或季节），用它来反映古环境变化非常可靠。

怎样才能把这些秘密破译出来呢？研究人员用湖泊沉积物的物理、化学或生物特性作为反映古环境变化的代用指标。这些特性有一定的环境指示意义，能够帮助我们推断湖泊历史上发生的事。例如，湖泊沉积物的粒度——其粗细能够反映湖泊流域的区域降水状况。一般来说，区域降水增多，会增强流域的侵蚀强度，也会增大流域的径流量，水多流急，会将粗颗粒物质搬运入湖。因此，湖泊沉积物中，如果出现粗颗粒物质增多的情况，往往反映出当时区域降水的增多；反之，粗颗粒物质的减少，则可能反映出区域降水的减少。

不过，在实际研究中，科研人员遇到的往往是较为复杂的情况。比如，粒度在反映湖泊水位方面，最开始的研究认为，较细的颗粒主要存在于连续堆积作用占优势的深水区，而在浅水区和地形开阔的地区，以侵蚀作用和搬运作用为主，发现的颗粒一般较粗。因此，很多学者将粒度指标用于指示湖泊当时的水位变化，即粒度越粗，水位越低；粒度越细，水位越高。然而，后来有学者发现，沉积物粒度粗，也可以指示湖泊水位高，因为粗颗粒物质增多也可能与湖区降水增多、径流量增加、导致湖泊水位升高相关。所以，如何综合分析和解读代用指标一直是摆在科研人员面前的难题。

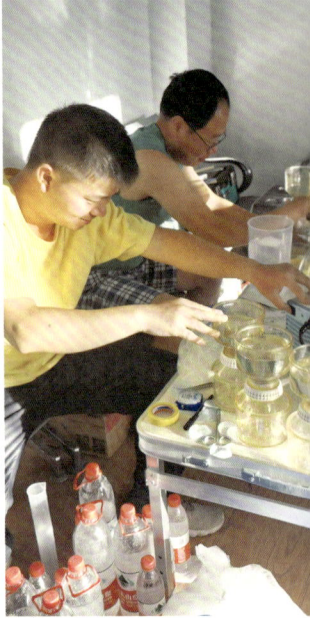

不同的湖泊沉积物反映出不同的地质条件变化（左一），科研人员取得沉积样本后（中），要进行大量整理和数据分析工作（右）（中国科学院南京地理与湖泊研究所/供图）

科考人员在西藏玛旁雍错湖岸采集样品（童银栋/摄）

湖泊沉积中的环境指标在经过研究人员的综合判识后，在恢复古温度、古降水、古盐度、古生产力和历史时期人类活动影响等方面提供了很大帮助。比如，在大空间范围的湖泊沉积物里，可以找到孢粉与古气温、摇蚊与古水温、水位与古降水等大量线索，帮助我们发现古气候变化的史实；如果要研究人类活动对湖泊环境的影响，可以研究沉积物中的有机碳、磷、重金属元素等的变化。这些都是对人类活动有明显指示意义的环境代用指标。

湖泊如生命体一样，在不断生长变化，它们的记忆也在不断积累。湖泊沉积物中包含了大量古环境变化的信息，等待着湖泊沉积学家们来解读。

科学概念

生物扰动
软底沉积物层次和化学成分被底内动物运动和摄食活动所搅和的现象。

胶结
胶结作用是指矿物质在碎屑沉积物孔隙中沉淀，形成自生矿物并使沉积物固结为岩石的作用。

科学思维 科学方法

分析与综合
这里应用了分析与综合的方法研究湖泊沉积物蕴含的信息。

分析就是把研究对象（如湖泊）分解成各个部分（如泥沙、水质、藻类等），把各部分包含的信息挖掘出来。

综合就是把分析各部分得到的信息从整体上进行理解，勾画出事物的整体面貌。

中国人·中国事

国际古湖沼学会终身成就奖获得者——王苏民

王苏民研究员（中国科学院南京地理与湖泊研究所/供图）

王苏民研究员毕业于南京大学地理学系。他倡导成立了中国科学院湖泊沉积与环境重点实验室（现中国科学院南京地理与湖泊研究所湖泊与环境国家重点实验室的前身），率先领导研究团队开展湖泊深钻及全球变化研究，是中国古湖沼学的先驱。

20世纪70年代，在祁延年先生的带领下，王苏民等学者绘制出了第一张大庆油田砂体展布图。根据他们的研究成果，大庆油田发现了潜在的石油勘探新区，调整了井网方案，提高了石油的采收率。1981—1983年，王苏民作为访问学者赴瑞士苏黎世理工学院地质系学习，师从国际著名湖泊沉积地质学家许靖华教授。在此期间，他翻译了专著《湖泊的化学、地质学和物理学》。1980—1984年，他参与了对云南抚仙湖、滇池和洱海的多学科综合研究。这项工作为理解和研究古湖盆的沉积体系提供了很好的现代参考，也标志着我国综合系统湖泊研究的开始。20世纪80年代后期，古湖沼研究成为全球变化研究的重要支柱之一，王苏民的研究领域也转向对湖泊沉积记录的古气候、古环境的研究。他花了整整10年，带领团队对全国五大湖区500多个湖泊进行了系统调查，编著出版了《中国湖泊志》。到了20世纪90年代后期，在全球变暖和人类活动的影响下，从古湖沼学的角度来研究湖泊生态系统的退化过程和机理成为湖泊环境治理及生态修复的重要组成部分——王苏民和同事们又开始了新的征程。2018年，在国际古湖沼学－国际湖沼地质学联合大会（IPA-IAL 2018）上，王苏民荣获国际古湖沼学终身成就奖，成为获此殊荣的首位中国科学家。

交流展示

我去图书馆查了地方志，关于我家附近的这个湖的形成，书上是这么说的：

_____

_____

_____

_____

_____

_____

_____

_____

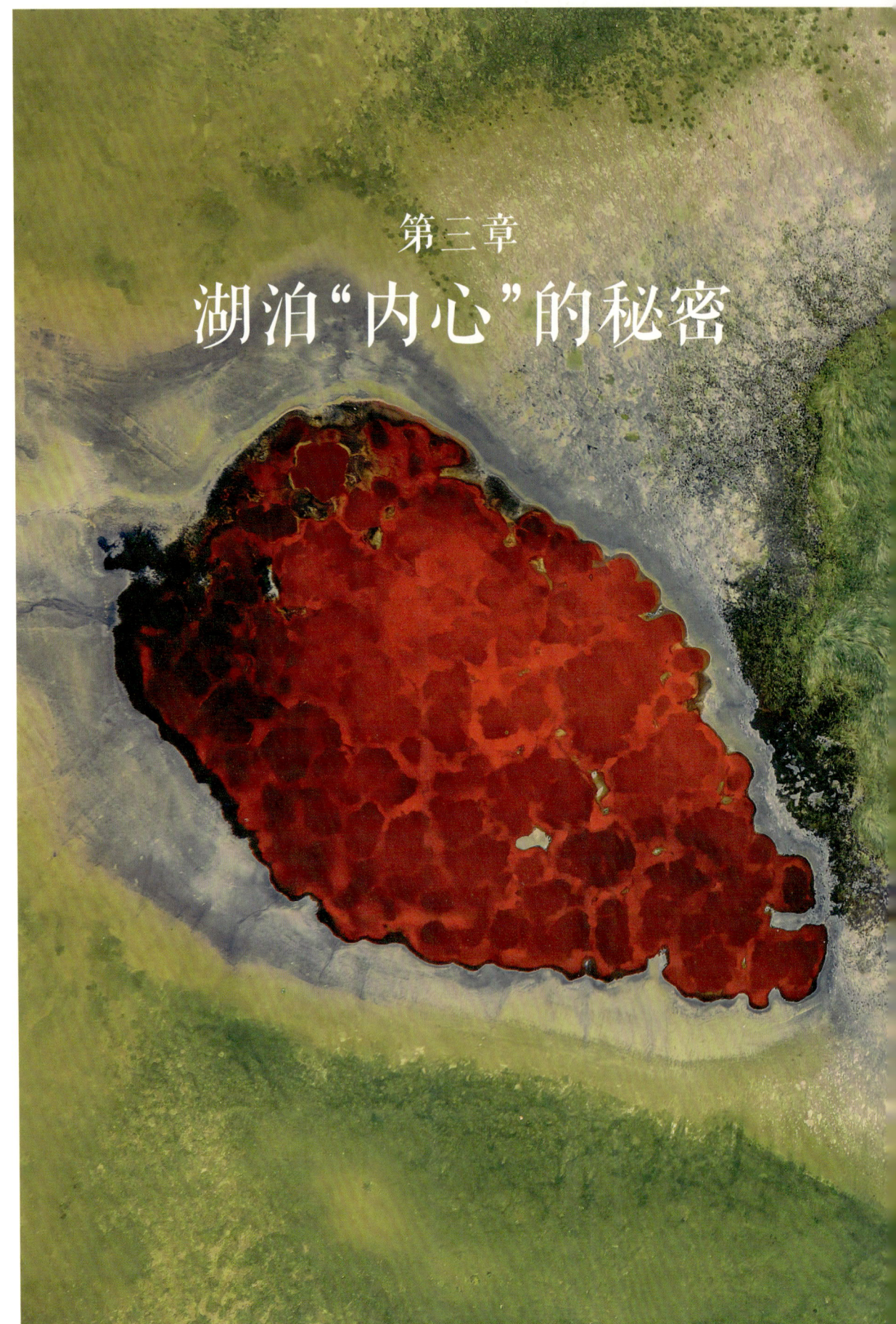

第三章
湖泊"内心"的秘密

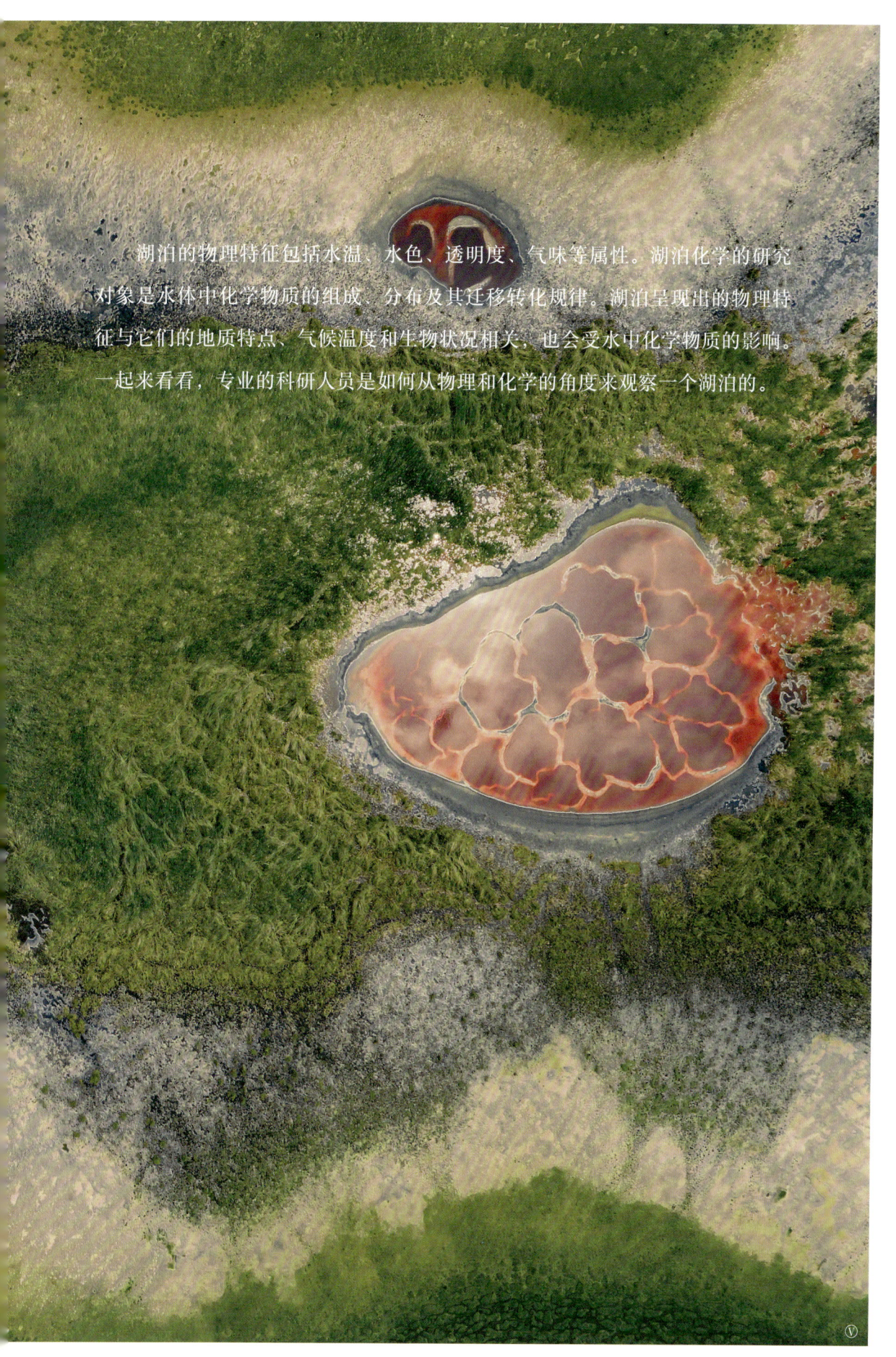

  湖泊的物理特征包括水温、水色、透明度、气味等属性。湖泊化学的研究对象是水体中化学物质的组成、分布及其迁移转化规律。湖泊呈现出的物理特征与它们的地质特点、气候温度和生物状况相关，也会受水中化学物质的影响。一起来看看，专业的科研人员是如何从物理和化学的角度来观察一个湖泊的。

一 | 青苍绿碧话水色

喀斯特作用产生的钙华沉积形成了四川省西北部九寨沟的美丽湖群,其水体因沉积物和光线变化而呈现多种颜色 ⓨ

如果你去各地的湖泊游历，可能会发现不同的湖泊有着不一样的颜色，有的湖水偏蓝，有的偏绿，有的偏黄，有的甚至是乳白色的……这是为什么呢？

想弄清楚湖泊的颜色，我们首先应知晓两个基本问题。

第一，真正意义上的纯水是什么颜色？看到这个问题，你肯定会脱口而出：水是无色透明的嘛。确实，超市里卖的纯净水就是无色透明的，并且人们一般也会认为越是纯净的水越是透明。可事实并非如此！最纯净的水完全由水分子（H_2O）构成，它是带有一点蓝色的——生活中我们很难接触到这样的水。这是由于介质对光的选择性吸收和散射。在高度透明的水体中，蓝光和紫光更易被水分子散射。由于人类的眼睛对紫色并不敏感，所以最纯净的水在我们眼中呈现出的是蓝色调。

第二，为什么同样是水体，大海是蓝色的，湖泊却有多种色彩呢？因为在远离陆地的海洋中，颗粒物非常少，并且几乎没有可溶性有机物，所以人的眼睛接收到的水体颜色就是接近纯净水的蓝色。与海洋比，湖泊的情况就复杂得多了：湖泊深度比海洋浅，湖水中颗粒物、可溶性有机物等成分复杂，湖泊的水量和水质还会受天气等自然环境和人类活动的影响。正因为湖泊的水色会反映很多信息，它才成为湖泊研究的重要特征参数之一。

科学概念

透明度测量

测量透明度的方法是：把一个直径30厘米的白色圆盘沉入水中，沉到看不见为止。此时圆盘的下沉深度就是水体的透明度。透明度表示水体的清澈程度，是水质评价的指标之一。

水色指数

在白色圆盘下沉到不可见的深度的1/2处，白色盘面所衬出的颜色就是这个水体的水色。把此时呈现的水色与福莱尔水色计（包括一组从深蓝到红棕的21种不同颜色的溶液）的标准颜色比对，颜色最接近的标号就是这个水体的水色指数。水色越蓝，水色指数数值越小；水色越红，水色指数数值越大。

我国湖泊因所处自然环境不同，水色具有较大的差异。比如，青藏地区大多数湖泊的水色呈青绿色或浅蓝色，其中以玛旁雍错的水色最清，为碧蓝色。蒙新地区的赛里木湖、新疆天池和岱海的水色呈深绿色至淡蓝色。云贵地区的湖泊以抚仙湖水色最清，为青绿色。东北地区的湖泊中，长白山天池的水色最清，为碧绿色。长江中下游和黄淮海地区的湖泊，由于多与河流相通且水浅，是全国湖泊水色指数最高的地区，绝大多数湖泊的湖水呈黄绿色和黄褐色。此外，我国有少数湖泊的水色难以用福莱尔水色计的数值来表示——四川的新路海和新疆的乌伦古湖等，湖水呈乳白色。

湖水的颜色与湖泊物理、化学和生物方面的众多因素有关。

影响水色的化学因素主要是有机物和无机物含量。一般来说，咸水湖水色指数高，淡水湖水色指数低。因为咸水湖中的有色可溶性有机物能够迅速衰减波长较短的紫外区域光线和蓝光、紫光，使得红光部分占优势，让湖水呈现偏红黄的颜色。此外，水中的氮、磷等离子的含量会通过浮游藻类影响水色。

影响水色的生物因素主要是湖泊水生植物——浮游藻类。藻类喜爱富含氮磷营养的水体。当这类离子含量较高时，它们会大量繁殖。它们体内所含叶绿素令湖水变成绿色。蓝藻（又称蓝细菌）等浮游生物的大量爆发是湖泊富营养化的直接反应，因此湖水水色恰好可以反映水中的叶绿素含量，进而指示水体

不同条件下的纳木错水体呈现不同颜色[施坤/摄(左),奚和平/摄(中、右)]

富营养化程度,成为评估湖泊污染程度的方法之一。

悬浮物、腐殖质等也会影响湖泊的水色。富含泥沙的水体——如一些河口地区的水体通常呈黄褐色,这主要是水中悬浮泥沙的颜色。一些有机质含量高的湖泊,水体会呈褐色或暗黑色,这与可溶性有机物本身的颜色密切相关。

一个湖泊的水色不是一成不变的,它还会随条件改变而变化。光线柔和的早晨、傍晚与日光强烈的中午会略有不同;春夏季和秋冬季因为径流携带泥沙的情况不同,水色也会不同。因此,不同湖泊可能呈现出不同色号的蓝、绿色,同一个湖泊的水色也会发生季节变化甚至日变化。

近年来,湖泊学家们还采用了"水色遥感"来研究湖水状况。他们通过卫星传感器接收信号的变化,针对一种或多种光学成分,剥离出反映水体光学成分的有用信息——凡是存在显著光谱特征或光学特性的水体组分参数(也被称为光活性物质),都可以通过遥感手段进行分析。

科学思维 科学方法

比较

可以应用比较的方法对湖泊水色进行研究。

比较就是根据一定的标准,把彼此有某种联系的事物加以对比,找出它们的相同和不同。

再想一想

为什么会出现红色湖水?

本章开篇图为巴丹吉林沙漠中的多个湖泊之一——红海子,湖水呈暗红色,水中的藻类含量非常多。图中人不喜勒,它巨大的浮力让人等无忧地漂浮在水面上,今湖水呈现红色。

二 | 平波暗流
说水层

无论湖泊表面看起来多么平静,水体每时每刻都在受到各种扰动的影响 ⓨ

在阳光能照入的较浅的水层中,植物光合作用比较活跃 ⓨ

　　与海洋、河流相比,湖泊看起来风平浪静,但它们的内部远非我们想象中那样平静,它们都有着一颗"澎湃的心"。事实上,湖泊的水体并不是上下如一的,会在各种因素的影响下形成多个层次。

1. 光线与分层

　　湖泊最直观的分层是透光层和无光层。湖水的温度、含氧量其实都与阳光辐射相关。阳光能透入的水层为透光层。其温度较高,浮游植物光合作用生产的氧气多于呼吸作用的耗氧量,水中含氧量比较高。透光层之下的深度被称为"补偿深度"。在这个深度,浮游植物光合作用和呼吸作用恰好平衡。在"补偿深度"以下则是无光层。在这个水层,光合作用不活跃,浮游植物很难生存。如果湖泊底层还有大量有机物正在分解,那么水中溶解氧就更少了。

　　透光层的深度与湖泊的透明度有关。透明度低的湖泊,太阳辐射转化的热量仅影响很薄的表层水体,而温度较高的水会一直停留在上层——这类湖泊中,层与层之间交流变少,使湖下层(无光层)水体更加缺氧。

2. 水温与分层

水温也是湖泊水体分层的主要原因之一。在较深的湖泊中，表层湖水吸收太阳能导致温度升高，底层仍保持较低的温度，当风浪不足以将整个水团扰动时，湖水就产生了垂直方向上的温度差。温度差会导致水的密度产生差异（水的密度在4℃时最大），密度高的水体下沉，密度低的水体上浮。温度差异会在某一深度消失，从这个深度开始，下面更深处的湖水温度就是稳定的。如果这个深

① 春季，湖水在4℃时密度最大。冰雪融化后，湖水开始增温，表面水的密度增加，水团下沉，湖水上下循环流动。

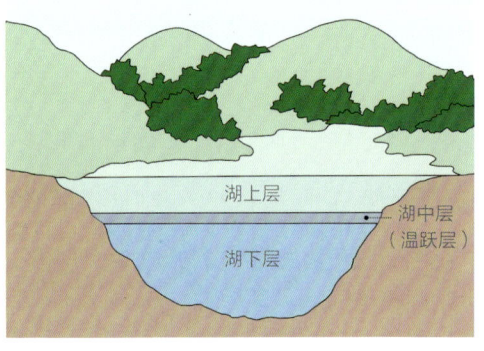

② 夏季，水温高于4℃后，湖水停止上下循环，相对稳定。

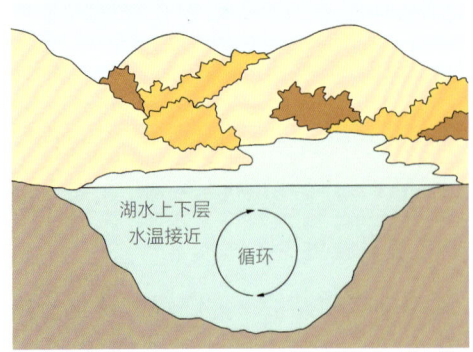

③ 秋季，湖水开始降温，上下层水团密度再次发生变化，湖水上下循环流动。

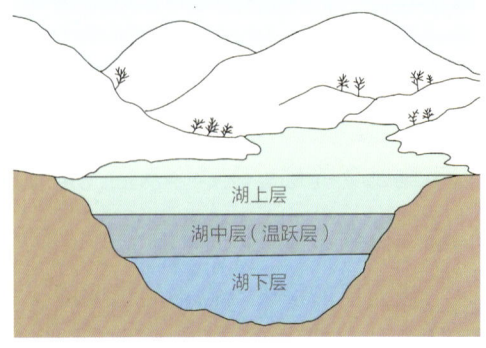

④ 冬季，水温低于4℃后，湖水停止上下循环，相对稳定。

湖泊一年中的水循环与分层（许悄/绘）

夏季的赛里木湖与湖边的花海

度以下的水体不受风力干扰，湖水就会出现分层了。因此湖水的分层也与湖泊所处的纬度、气候带，以及湖泊的大小和深度有关。

一般情况下，在淡水湖泊中，水体被分为三层，分别是：深水层，即湖下层——它与大气隔绝，水体比较平静，主要的生命活动就是分解来自湖水表层的有机质；湖上层——这一层与空气相通，经常发生波动，也是湖泊里植物和藻类进行初级生产的主要发生地，为整个系统的生物提供大部分能量；湖中层——这里是湖上层和湖下层的过渡带，位于冷暖交界处，温度急剧变化，水的密度差异明显，也被称为温跃层，温跃层能促进养分和气体的循环。

有的湖泊"体温"与众不同，其内部的水流情况会更加特殊一些。西藏羊八井有着我国最著名的热水湖。新疆的赛里木湖则是著名的冷水湖，湖水年均温约为7℃，有的地方仅2℃—3℃，水温低到连普通的鱼也无法生存。

趣味坊

潜艇隐身的秘密

在海洋中，也有温跃层。潜艇能利用温跃层"隐身"。当声波穿越温跃层时，因水层两侧介质不均匀，声波就会发生折射，同时损失大量能量。在穿越温跃层时，声呐的探测距离会显著减小。处于温跃层两侧的潜艇彼此之间都很难发现对方。潜艇上都装着水深温度计，能通过观察温度变化，寻找附近的温跃层，作为隐身的场所。

藻类大规模爆发会大量消耗水中的溶解氧,引起水生生物大规模死亡 ⓨ

3. 溶解氧与分层

氧在淡水中的溶解度会随着水温升高而下降,因此分层的湖泊还有一个氧跃层——顾名思义,就是在一定深度的水中,溶解氧浓度突然变化的水层。

在湖泊中,溶解氧的垂直分布有两个模式。第一个模式多见于高纬度地区清澈的贫营养型湖泊,这类湖泊有机物总量很低,有机物在沉降到湖下层前,分解消耗的氧很少,而且溶氧在较冷的下层湖水中浓度更高,因此湖下层在整个分层期都呈现溶氧饱和状态。第二种模式多见于富营养湖泊和腐殖质湖泊,在这类湖泊中,湖上层会向下层输入较多有机物,有机物的分解使湖下层的溶解氧大大下降，远低于湖上层的浓度。

湖水的溶解氧对于湖泊生态系统非常重要。厌氧或低氧状态会极大地伤害大型无脊椎动物和鱼类。气候变化对湖泊溶解氧有显著影响，温度升高会降低氧的溶解度、增加生物的呼吸效率，导致湖泊的下层呈现厌氧状态。而人类活动带来的湖泊富营养化趋势，会进一步导致湖泊水体溶解氧急速下降，引起水生生物大量死亡。气候变化与人类活动的双重威胁会造成湖泊下层水体缺氧，使水质渐渐恶化。

对大部分湖泊而言，平静是相对的，流动才是绝对的。湖泊分层一般在气温较高时最明显。当水的阻力小于由水流和波浪产生的扰动时，原本垂直分层的湖水就会再次混合起来。在温带地区，背风的小型湖泊只要深度超过3米就会出现分层；但对于面积在20平方千米以上的湖泊来说，湖水深度至少要达到20米才会出现分层现象。根据湖泊的分层情况，我们可将湖泊分为无循环湖、一年只循环一次的单循环湖、一年循环两次的双循环湖，以及多循环湖和少循环湖等。

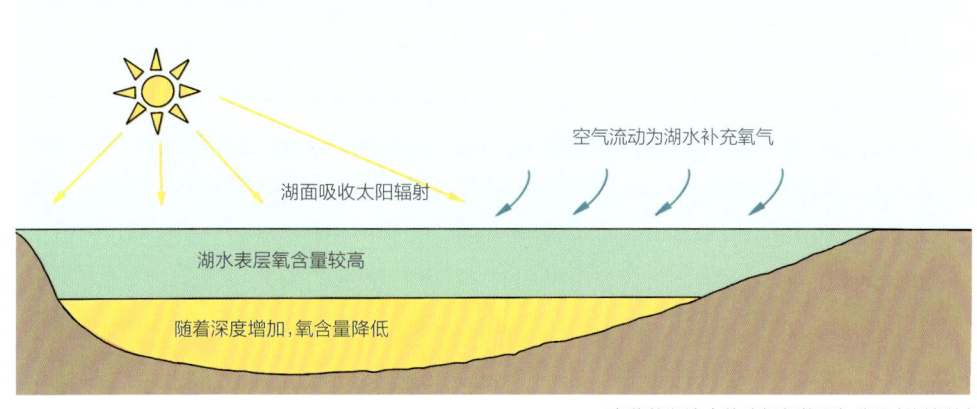

富营养湖泊中的溶解氧状况与分层（许悄/绘）

三 | 阴阳离子
　　定水性

湖水看似清澈，其实是十分复杂的混合溶液，具体含量如何，要进行检验才知道（薛滨/摄）

测试人员正在做前处理（左），等离子体质谱仪可以检测出水中的金属离子（右）（蔡艳洁/摄）

湖泊的水体中总是含有一定数量的化学离子。湖水的化学特征是湖泊的重要自然特征之一。对湖水中离子含量特征和时空变化进行研究，不仅可以确定湖泊流域中溶解物质的来源、化学成分的变化，还可以指示湖泊所处的环境的变化。

湖水中主要有钾离子（K^+）、钠离子（Na^+）、钙离子（Ca^{2+}）、镁离子（Mg^{2+}）、氯离子（Cl^-）、硫酸根（SO_4^{2-}）、碳酸氢根（HCO_3^-）和碳酸根（CO_3^{2-}）八大离子。它们在湖水中的含量比其他离子高得多。

淡水湖中，阴离子以碳酸氢根为主，碳酸根和硫酸根含量较低，阳离子以钙离子为主，钾离子、钠离子、镁离子含量则较接近。

咸水湖中，氯离子含量较高，硫酸根次之，碳酸氢根和碳酸根在咸水湖中的含量均不高。咸水湖如果按水化学类型来分，有些是重碳酸盐类，有些是氯化物盐类，还有些是硫酸盐类。

四 | 咸涩甘甜
皆有因

班公错（也被称为"班公湖"）一湖之内水体含盐量不同（张梦薇/摄）

我们在提到湖泊时，往往会说它们是咸水湖还是淡水湖。但仔细想想，每个人对味道的感觉可能都有点不同，怎么来标准化地描述湖水的咸淡呢？在科学研究时，科研人员用矿化度来描述湖泊的咸淡。

矿化度是湖水重要的化学属性之一。它既可以直接反映湖水中离子的化学组成类型，又能间接地反映湖泊中盐类物质积累或稀释的环境条件。一般认为，矿化度小于1克/升的湖泊是淡水湖。它们大多有稳定的水源来更新补充淡水，所以盐分很低。矿化度在1—35克/升之间的湖为咸水湖，大于35克/升的湖为盐湖——它们通常不排水或排水不畅，湖水因蒸发而盐分富集。盐湖还可以细分为3种类型：湖水矿化度达到50克/升以上的湖泊；湖水矿化度低于50克/升，但湖内或湖边有盐类存在的湖泊；湖盆虽然无水，但有盐类沉积的湖泊。

我国东部平原地区湖泊矿化度较低，其中长江中下游的湖泊最低；向北，湖泊矿化度随纬度增高而逐渐增加；向西，受海拔、干旱气候的影响，湖泊矿化度也相应递增，青藏高原与蒙新地区的湖泊绝大多数矿化度都在1克/升以上。最有意思的是位于青藏高原西部边境的内陆湖班公错：它的东半部分河流众多，淡水补给量充足，所以东半部分矿化度较低，俨然是个淡水湖；而西半部分蒸发强烈，只有少量淡水注入，湖水矿化度较高，出现了半湖淡水、半湖咸水的奇妙现象。

科学概念

矿化度

矿化度指单位体积的水中含有的矿物离子总量，是水化学成分测定的重要指标，用于评价水中总含盐量。单位为毫克/升或者克/升。

再想一想

湖泊中的矿物盐从哪里来？

湖泊中的矿物盐来自湖泊流域中的山石、矿石和土壤。一旦湖水有入口、没出口，或者蒸发量远高于降水量，水分蒸发了，矿物质就越积越多，成为咸水湖。中国北部地区，湖泊的蒸发量多高于降水量，所以北部的咸水湖比较多。

五 | 湖水"体检"有指标

研究人员采集水样,进行水质检测(中国科学院南京地理与湖泊研究所/供图)

湖泊的水质是湖泊水体环境质量的综合反映。健康、平衡、水质优良的湖泊，更能为周围居民带来福利。湖水的水质是动态变化的，我国设立了一定的标准，以便监测、评价、保护湖水并科学地进行利用。

中国现行的湖泊水质标准，使用的是2002年发布的《地表水环境质量标准（GB 3838—2002）》。这一标准将地表水依水质情况划分为5类：Ⅰ类——源头水、国家自然保护区；Ⅱ类——集中式生活饮用水地表水源地一级保护区、珍稀水生生物栖息地、鱼虾类产卵场、仔稚幼鱼的索饵场等；Ⅲ类——集中式生活饮用水地表水源地二级保护区、渔业水域及游泳区；Ⅳ类——一般工业用水区及人体非直接接触的娱乐用水区；Ⅴ类——农业用水区及一般景观要求水域。我国根据这5类水的环境功能和保护目标，规定了水环境质量应控制的项目及限值，对具有特定功能的水域进行保护和治理，以达到相应的专业用水的水质标准。比如，作为城市集中饮用水源地的湖泊，必须得到严格的保护和管理，使其水质保持较高的水平；有的湖泊主要功能是开展渔业，对水质的要求就略低一些；但如果这个湖泊兼有多种功能，如水源、观光、灌溉等，其水质则应达到最高功能类别所需的标准值。

与湖泊水质相关的化学指标主要有酸碱度（pH值）、溶解氧含量（DO）、化学需氧量（COD）、生物需氧量（BOD）、营养盐含量、重金属含量等。

pH值是衡量湖泊水体酸碱度的数值，一般来说，湖水的pH值在6.0—9.0之间。

检测水质（中国科学院南京地理与湖泊研究所/供图）

溶解氧的多少是衡量水体自净能力的指标之一——水里的溶解氧被消耗后，恢复到初始状态所用的时间越短，说明该水体的自净能力越强；否则就说明水体污染严重，自净能力弱。

化学需氧量和生物需氧量被作为衡量有机污染物含量的指标。因为有机物都是由碳氢元素组成的，它们在被强氧化剂氧化或被微生物分解时都会消耗氧气——在检测过程中，耗氧量越多，就表示水中有机物污染物越多。

水体中的营养盐主要是指氮、磷等元素。水体中营养物质超过一定限度时，会造成水体富营养化，导致生态系统物种分布失衡。

重金属是指汞、镉、铬、铅等不能在自然界中降解且具有生物富集性的污染物，它们的主要来源是人类生产活动。如果在局部地区出现高浓度重金属污染，会对人体健康造成很大的危害。

停靠在太湖畔的科考船（奚和平/摄）

其他水质指标还包括氟化物、硫化物、氰化物、有毒有机物含量和粪大肠菌群数量等。

水质恶化会导致水环境承载力下降，生态系统破坏，湖泊的资源属性会逐渐降低甚至消失，影响人们的生产、生活，造成经济损失和生态灾难。为了避免这样的后果，近年来，随着各地水文监测站的设立、卫星遥感技术的发展、环保意识的增强，以及2018年新修订的《中华人民共和国水污染防治法》的颁布，我们加强了对湖泊水量、水质和生态系统健康状况的监测和保护，对污染比较严重的区域进行了适当的人为干预，研发了一系列治理湖泊富营养化的应用技术，保护湖泊水质。

趣味坊

中国湖泊水质状况
2023年1—3月，在开展水质监测的全国195个重要湖泊（水库）中，I—III类水质的占81.0%，劣V类的占4.6%。主要污染物指标为总磷、化学需氧量、高锰酸盐指数。

中国人·中国事

中国盐湖科学奠基人和开拓者——郑绵平

郑绵平院士（中国地质科学院矿产资源研究所/供图）

郑绵平院士是我国著名的盐湖学家和矿床学家，中国盐湖科学研究及盐湖矿产资源开发的奠基人和开拓者之一。他于1934年出生于福建省漳州市；1956年毕业于南京大学地质系；1957年被分配至地质部矿床地质研究所，1987年任中国地质科学院矿床地质研究所研究员；1995年当选为中国工程院院士。

郑院士致力于盐类矿产地质和盐湖综合资源研究60多年，对青藏高原盐湖和盐矿勘查评价进行了长期、系统和创新性的研究，建立了综合性、交叉性的学科——盐湖学。1995—2001年、2009—2016年，他两次当选为国际盐湖学会副主席；2017年任国际盐湖学会主席。

几十年来，郑院士在极端艰苦的条件下一次次进入青藏高原，对100多个盐湖进行了深入考察。他的研究大大促进了西北地区的经济发展，让那些无鱼无草的盐湖成为资源宝库。他重点研究的察尔汗钾盐湖，为中国农用钾肥利用和丰富陆相成钾理论做出了重要贡献；他主持发现了扎仓茶卡镁硼矿、新类型铯硅华矿床、新类型扎布耶湖锂矿床；他还发现了耐寒且富含β胡萝卜素的杜氏藻，提出了"盐湖农业"新概念；他查明了锂在盐湖微细沉积物中的赋存状态；他还在西藏扎布耶湖主持建立了世界海拔最高的盐湖科学观测和提锂试验基地，取得了低成本提取碳酸锂的技术突破，为中国重新占领锂盐国际市场提供了关键的技术支撑。

交流展示

 注意！湖边观测应有成年人陪伴，注意安全，防止溺水！

寻找三处安全的地点采集湖水数据，并记录下来。

地点	日期	时间	水温	透明度	备注

我的结论是：

与每天不同时段天气温度变化相比，每天不同时段湖水的温度　□变化幅度较大　□变化幅度较小

湖水水质情况是：□良好　□一般
　　　　　　　　□很差，原因可能是：

第四章
湖中生命乐章

湖泊与动植物一起组成了生机勃勃的画面，引来了无数充满诗意的赞叹。在古代诗人笔下，既有"短短桃身尽著花，微风细雨响芦芽"，也有"花开红树乱莺啼，草长平湖白鹭飞"……随着观测手段的不断进步，人们进一步认识到湖泊中充满了生命，它们之间有着复杂的、立体的联系。

一 | 湖中"背景音"

我们熟悉的水生高等植物只是湖泊生态系统中的环节之一 Ⓨ

浮游植物和水生高等植物共同组成了湖泊中的初级生产者，它们是湖泊生态系统的基础。它们大多具有叶绿素，能进行光合作用，会制造有机物、释放氧气。没有它们，整个湖泊将会失去生机。

1. 浮游植物

浮游植物又称浮游藻类，泛指那些生活在水域中，因无游泳能力或游泳能力弱而只能随水流动的微小藻类。在一些缺少水生高等植物的湖泊中，它们是唯一的初级生产者。我们通常会把浮游植物的数量和种类上的变化作为评估湖泊水体生态系统健康水平的生物指标。浮游植物过少或过多，都预示着这片水域的水质正趋向恶化。

（1）蓝藻

也称蓝细菌，它的细胞大多呈蓝绿色（含有大量的藻胆素）。它们是湖泊浮游藻类的主要门类之一，属于原

科学概念

浮游植物

浮游植物包括很多比较原始、古老的低等植物，目前分为蓝藻门、黄藻门、绿藻门、硅藻门、金藻门、甲藻门、隐藻门、裸藻门、轮藻门、褐藻门和红藻门11个类别。各大门类的藻类几乎都有各自的特殊色素，最普遍的是叶绿素、胡萝卜素、叶黄素和藻胆素。各门藻类因所含色素不同，藻体呈现的颜色迥异。当它们大量繁殖时，甚至会影响水体的颜色。

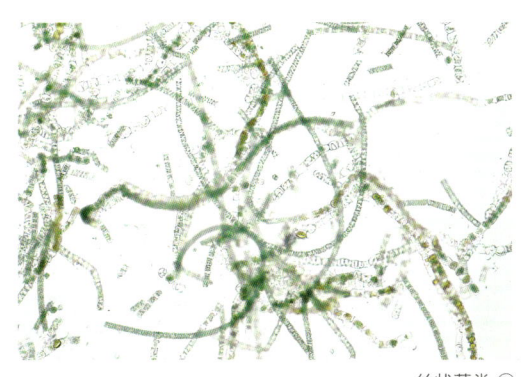

丝状藻类 ⓨ

团藻 ⓨ

太湖黄藻与蓝藻水华相遇（李进京/摄）

核生物，没有叶绿体，但有能进行光合作用的类囊体。蓝藻是地球上最早的光合自养生物，在约35亿年前就已出现了，它们对地球从无氧环境变为有氧环境起了巨大的作用。蓝藻喜欢高温、强光、偏碱性、营养物质多的环境，一旦条件合适，就会大量繁殖。它们大批死亡后，尸体的降解过程会消耗水体中的溶解氧，导致鱼、虾、水草等其他生物缺氧死亡。这些生物的腐烂又进一步消耗溶解氧，并释放出营养物质，形成恶性循环。

繁殖过多的蓝藻会在水面形成一层有恶臭的蓝绿色浮沫，被称为水华。发生蓝藻水华的水体不但闻着臭，而且还有毒——蓝藻细胞破裂后会释放藻毒素，接触可导致皮肤过敏，饮用可引起肝中毒。

（2）黄藻

黄藻因体内含有大量胡萝卜素和叶黄素而呈现黄色，多数生活于淡水中，少数生活于海水中。淡水黄藻适应性强，无论是在硬水、软水中都能生存。夏天，有时我们会看到黄藻水华。左页照片展示的是远处漂来的黄藻水华遇到了近处的蓝藻水华的场景。两种藻在岸边交汇，你能清晰地看出两者的区别。

（3）绿藻

绿藻十分常见，广泛地存在于河流湖泊中，还会在你家客厅的鱼缸里、小院的水池中出现。它们具有与高等植物相同的色素和贮藏物质，还会合成淀粉。因此，我们通常认为，它是现存藻类中，与陆生植物祖先关系最接近的类群。绿藻门中，淡水种类占绝大多数，海水种类仅占10%。

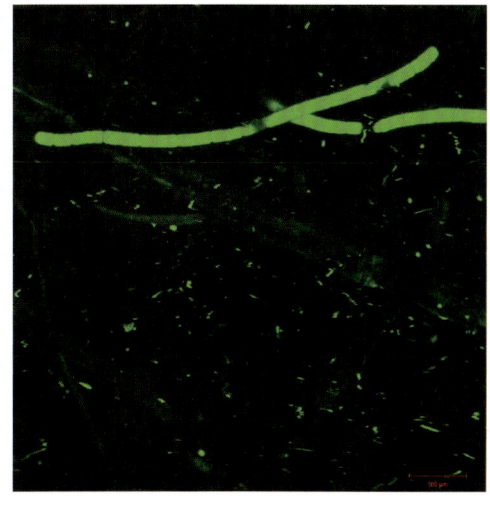

激光扫描共聚焦显微镜下的丝状绿藻（方慧芬/摄）

（4）硅藻

硅藻是一类具有色素体的单细胞生物，常由几个或很多单细胞个体连接成各式各样的群体。硅藻有1个细胞核，外壳是由果胶质和硅质组成的，没有纤维素，外观多种多样。色素主要有叶绿素a、叶绿素c，β胡萝卜素，α胡萝卜素和叶黄素，藻体呈橙黄色或者黄褐色。它们以营养生殖为主要繁殖方式，但也会有性生殖。

电子显微镜下的硅藻，形态各异，十分精巧（李艳玲、罗玉兰/摄）

（5）金藻

金藻的色素体呈金褐色、黄褐色或黄绿色，大多数能运动的种类有2条鞭毛，少数有1条或3条鞭毛。有些金藻会产生静孢子。这是金藻特有的生殖细胞，其呈球形或椭圆形，有2片硅质的壁，顶端有着一个小孔，孔口有个小小的胶塞，在显微镜下像精巧的小瓶。

电子显微镜下的金藻胞囊（李艳玲、罗玉兰/摄）

太湖鼋头渚一隅的水生高等植物群落（朱广伟/摄）

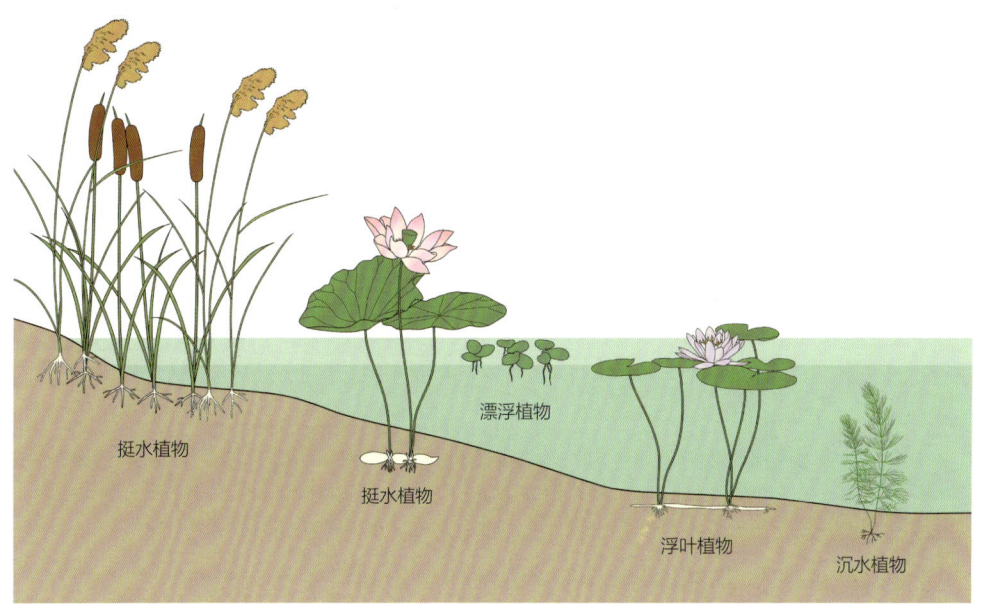

水生高等植物在湖泊沿岸带分布模式（许悄/绘）

2. 水生高等植物

根据不同的形态特征和生态习性，水生高等植物可以分为挺水植物、浮叶植物、漂浮植物和沉水植物4个生态类型。湖泊中常见的水生高等植物群落往往会经历"沉水植物—浮叶植物—漂浮植物—挺水植物—陆生植物"的演替过程。这个过程与湖泊水体沼泽化进程相吻合。

赛里木湖上的挺水植物（蔡小愚/摄）

(1) 挺水植物

挺水植物是根、茎可以生长在水下底泥之中，茎、叶挺出水面的植物（有些挺水植物也能在陆地上生长）。它们往往株形高大，直立挺拔。莲（荷花）、千屈菜、菖蒲、水葱、藨草类、香蒲、芦苇等属于挺水植物。

(2) 漂浮植物

漂浮植物是指植物体根部不扎根于水底湖泥中，整个植物体漂浮在水面的植物。它们的茎或叶浮于水面，根系悬垂于水中，在湖泊中无固定分布区，易受风浪影响。湖泊中常见的漂浮植物有浮萍、紫萍和满江红等。

(3) 浮叶植物

浮叶植物是指根附着在底泥或其他基质上、叶片漂浮在水面的植物。它们根状茎发达，没入底泥，但无明显地上茎或茎细弱不能直立，体内通常储藏着

无锡蠡湖上的浮叶植物（朱广伟/摄）

大量空气。这些空气使叶片或植株能平衡地漂浮于水面上。浮叶植物有王莲类、睡莲类、萍蓬草类、莕菜类等。

（4）沉水植物

沉水植物是指由根、根须或叶状体固着在水下基质上，叶片也在水面下生长的大型水生植物。它们的根不发达或退化，植物体的各部分都可吸收水分和养料，通气组织特别发达，有利于在水中进行气体交换。这类植物的叶子大多为带状或丝状，如苦草、金鱼藻、狐尾藻、黑藻等。

南四湖上的挺水植物——莲（杜达远/摄）

南四湖的沉水植物（刘恩峰/摄）

二 "吃"是"主旋律"

唐代女诗人鱼玄机在《赋得江边柳》一诗中写道:"根老藏鱼窟,枝低系客舟",描写的是滨水区植物为鱼类提供栖息之处的和谐画面(陈辉辉/摄)

发育良好的水生植物为湖泊中的水生动物提供了繁衍生息的场所和生存所需的各种资源。湖泊中的水生动物主要包括浮游动物、底栖动物和鱼类，它们是湖泊生态系统中的消费者。浮游动物取食浮游植物、细菌及碎屑等，其本身则是鱼类的食物；底栖动物摄食有机碎屑和浮游植物，同时又是青鱼、鲇鱼、中华绒螯蟹等其他水生动物的食物……有了它们，湖泊生态系统变得更热闹了。

1. 浮游动物

浮游动物指的是生活在水层中，游泳能力很弱的一大类小动物。湖泊中的浮游动物一般包括原生动物、轮虫、枝角类和桡足类等。其中，枝角类和桡足类又合称为浮游甲壳动物。

这些小动物可以作为指示湖泊水污染状况、鱼类和水生高等植物群落结构的重要指示生物。在修复湖泊生态系统时，利用浮游动物抑制浮游植物生长是重要的修复手段之一。想要见见这些小动物，可以用浮游生物网在湖水中打捞，然后用显微镜进行观察。

（1）原生动物

这是一类无细胞壁、能运动的单细胞真核微小动物。它们的身体结构非常简单，却能与其他复杂的生物一样面对变幻莫测的水环境。它们演化出了鞭毛、纤毛、伪足之类特殊的"脚"，分化成肉足纲、鞭毛纲和纤毛纲等不同类别。代表物种有草履虫、变形虫、太阳虫、表壳虫、刀口虫等。

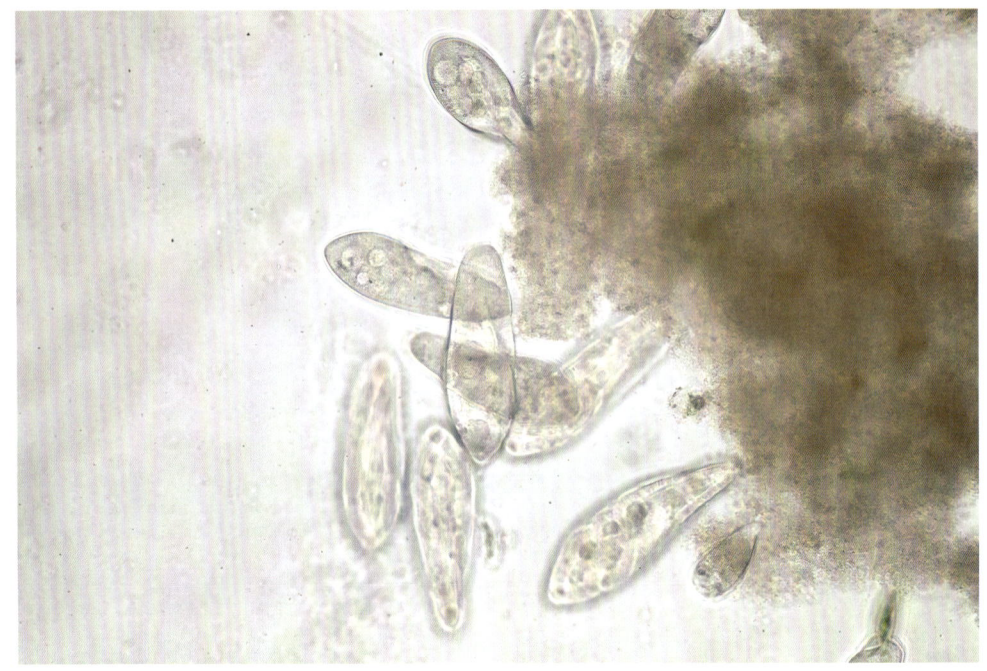

草履虫属于纤毛纲,具有能摄食和消化的细胞器(胞口、口沟、胞咽、食物泡)ⓨ

（2）轮虫

轮虫是轮形动物门轮虫纲动物的统称。它们是多细胞动物,但体型非常细小,身体前端或靠近前端的地方有一个特殊区域——由纤毛组成的"头冠"。这些纤毛经常摆动,用于游泳和吸引猎物。轮虫还有一个膨大的咀嚼囊,囊内有一套比较复杂的口器。一般可以根据口器及头冠类型等特征来鉴定轮虫的种类。代表物种有腔轮虫、多肢轮虫、龟甲轮虫、臂尾轮虫等。

轮虫生长快速、运动缓慢、营养丰富且易于培养,非常适合作为水产养殖时动物幼体的食料。在养殖河蟹时,溞状幼体阶段的河蟹就以它们为饵料。

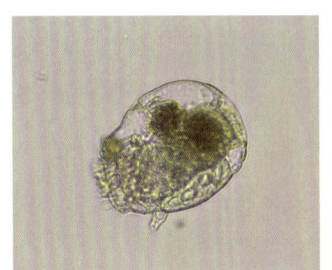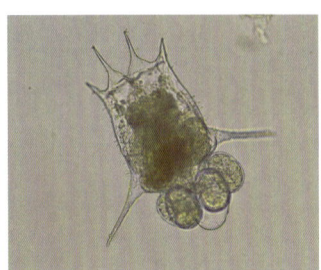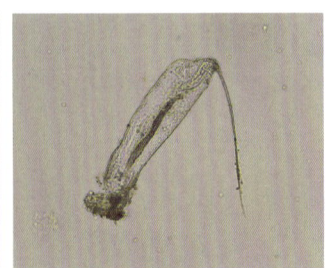

湖水中几种常见轮虫:叉角拟聚花轮虫(左)、萼花臂尾轮虫(中)、圆筒异尾轮虫(右)(沈睿杰/摄)

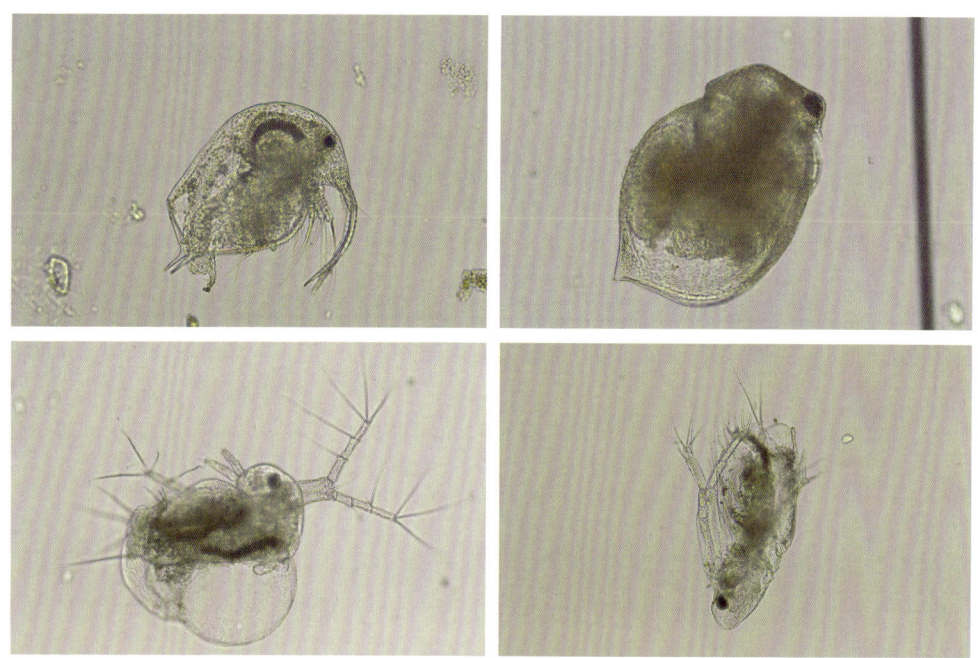

湖泊中几种常见的枝角类：象鼻溞（左上）、角突网纹溞（右上）、裸腹溞（左下）、秀体溞（右下）（陈辉辉/摄）

（3）枝角类

枝角类是节肢动物门的浮游动物，主要分布在淡水中。它们有复眼和小单眼，能感受光线的强弱，复眼甚至还能识别光源的方向和颜色。它们有两对触角。雌性的第一对触角短且不能动，雄性的第一对触角长且能动，一眼就可以从外形上分辨雌雄；它们的第二对触角较长，形似树枝，是主要的游泳器官。它们胸部有4—6对胸肢，主要用来过滤水流中的藻类、原生动物、细菌等食物颗粒，把食物集中到胸肢基部的腹沟中，形成食物流进入口中。代表物种有大型溞、象鼻溞、大眼溞等。

（4）桡足类

桡足类属于节肢动物门，是多种小型甲壳动物的总称。它们身体窄长，体节分明，头部有1个眼点，胸部有胸足，腹部没有附肢，浮游或寄生生活。

桡足类在海洋、淡水或半咸水中都有分布，淡水种类偏爱湖泊、池塘等静水水域，在富营养化的水体中数量丰富，因此也被作为湖泊健康水平的生物指标之一。

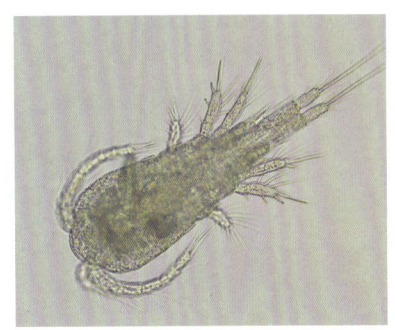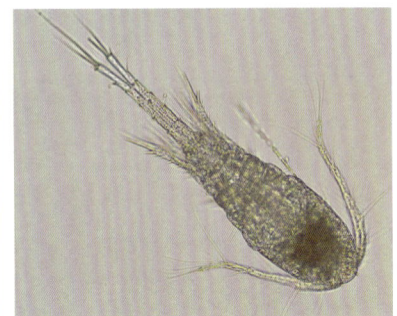

湖泊中几种常见的桡足类：广布中剑水蚤、中华窄腹剑水蚤、汤匙华哲水蚤（沈睿杰/摄）

2. 底栖动物

底栖动物是一个庞杂的生态类群，指的是生活在水域底上或底内、固着或爬行的动物。湖泊中的底栖动物包括环节动物门、软体动物门和节肢动物门中的不少成员。

底栖动物生活史的全部或大部分时间都在水底。它们有的活动能力不强，如螺、蚌等；有的能在水底自由移动或离开湖底在水中游动，如蟹、虾、栉水虱等；

湖泊中几种常见的节肢动物，依次是：齿斑摇蚊幼虫、扁蜉、螺蠃蜚、异钩虾、四节蜉（张又/摄）

还有的埋伏于底泥中生活，如淡水蛭、水蚯蚓等。

（1）环节动物

环节动物门物种的身体同律分节——身体分节、体腔分室，与大多数底栖动物相比，运动能力比较强，代谢水平也比较高。湖泊中常见的环节动物有水丝蚓、水蛭等。

（2）节肢动物

节肢动物门是动物界种类最多、数量最大、分布最广的动物种类。它们和环节动物不一样，身体是异律分节的。

淡水中的节肢动物主要包括软甲纲和昆虫纲两大类。虾和蟹都是软甲纲物种，它们用鳃呼吸。昆虫纲的有些物种会有一个生活阶段在水里度过，如蜻蜓、摇蚊、蜉蝣等。

科学概念

同律分节

躯体由多个体节组成，这些体节（除最前2节和最末1节外）在形态、结构和功能上基本相同的分节现象。从环节动物开始出现。

异律分节

躯体由多个体节组成，不同部位的体节形态、结构和功能不同的分节现象。有的明确分为头部、胸部和腹部；有的头部与胸部愈合，分头胸部与腹部；有的只分头和躯干。从节肢动物开始出现。

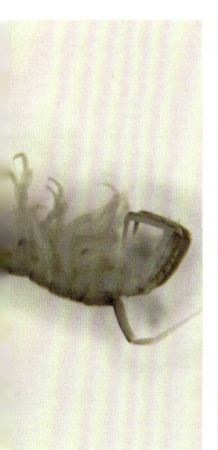
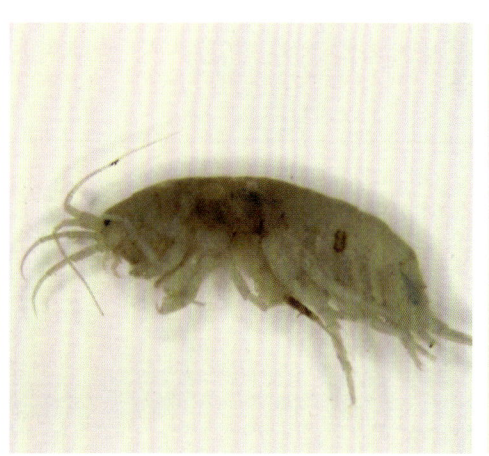

(3)软体动物

软体动物门是动物界的第二大门,有超过10万个物种,数量仅次于节肢动物门。软体动物身体柔软,不分节,通常可以分为头、足、内脏团和外套膜四个部分,大多数具有由碳酸钙(约95%)和少量贝壳素构成的外壳。淡水软体动物主要包括腹足纲和双壳纲。大多数腹足纲有一个螺旋形的贝壳(大部分淡水腹足纲为右旋);双壳纲则身体左右扁平,两侧对称。

3. 鱼类

鱼类是在水中生活,用鳃呼吸、用鳍协助运动与维持身体平衡、大多数体表有鳞片的一类变温脊椎动物。

鱼类在湖泊生态系统中处于顶级调控者地位,它们能对淡水生态系统结构和功能产生重要影响。鱼类按照其栖息水层可分为底层鱼类、中下层鱼类和上

湖泊中常见的软体动物,依次是:大沼螺(上左)、环棱螺(上右)、圆顶珠蚌(下左)、淡水壳菜(下中)、三角帆蚌(下右)

(张又/摄)

层鱼类，它们占据着不同的生态位，能通过捕食活动影响垂直向水层之间的养分转移，还会通过游动扰动水流，增加水体和水底沉积物之间的交换，对沉积物的物理、化学过程和有机物再矿化过程产生重要影响。

鱼类对营养物质的转移作用也发生在水生生态系统和陆地生态系统之间——人类对鱼类的捕捞和食用就是一例。青、草、鲢、鳙4种淡水鱼是中国的特产，号称"四大家鱼"，它们和鲤、鲫、鳊、鲂都是中国湖泊的主要经济鱼类，被大量养殖、捕捞，丰富了我国居民的餐桌。

人类对淡水鱼的需求，推动了淡水渔业的发展，也对湖泊水体产生了影响。最初，我们对湖泊鱼类的利用方式是自然捕捞，但当我们意识到不能再盲目追求产量之后，淡水渔业逐渐从捕捞过渡到了保护存量、生态养殖。

趣味坊

鱼的年龄

鱼类的年龄主要依据生长时在鳞片、耳石，以及各种骨骼组织上留下的轮纹来鉴定。鳞片和这些硬组织随着鱼类在不同季节的生长速度快慢而差异表现出疏密，形成年轮。根据年轮的数目，就可以推测这条鱼的年龄。

白条鱼是淡水湖泊中常见的本土鱼之一（何鑫/摄）

群聚的野生鲫鱼（何鑫/摄）

三 | 隐身的伴奏者

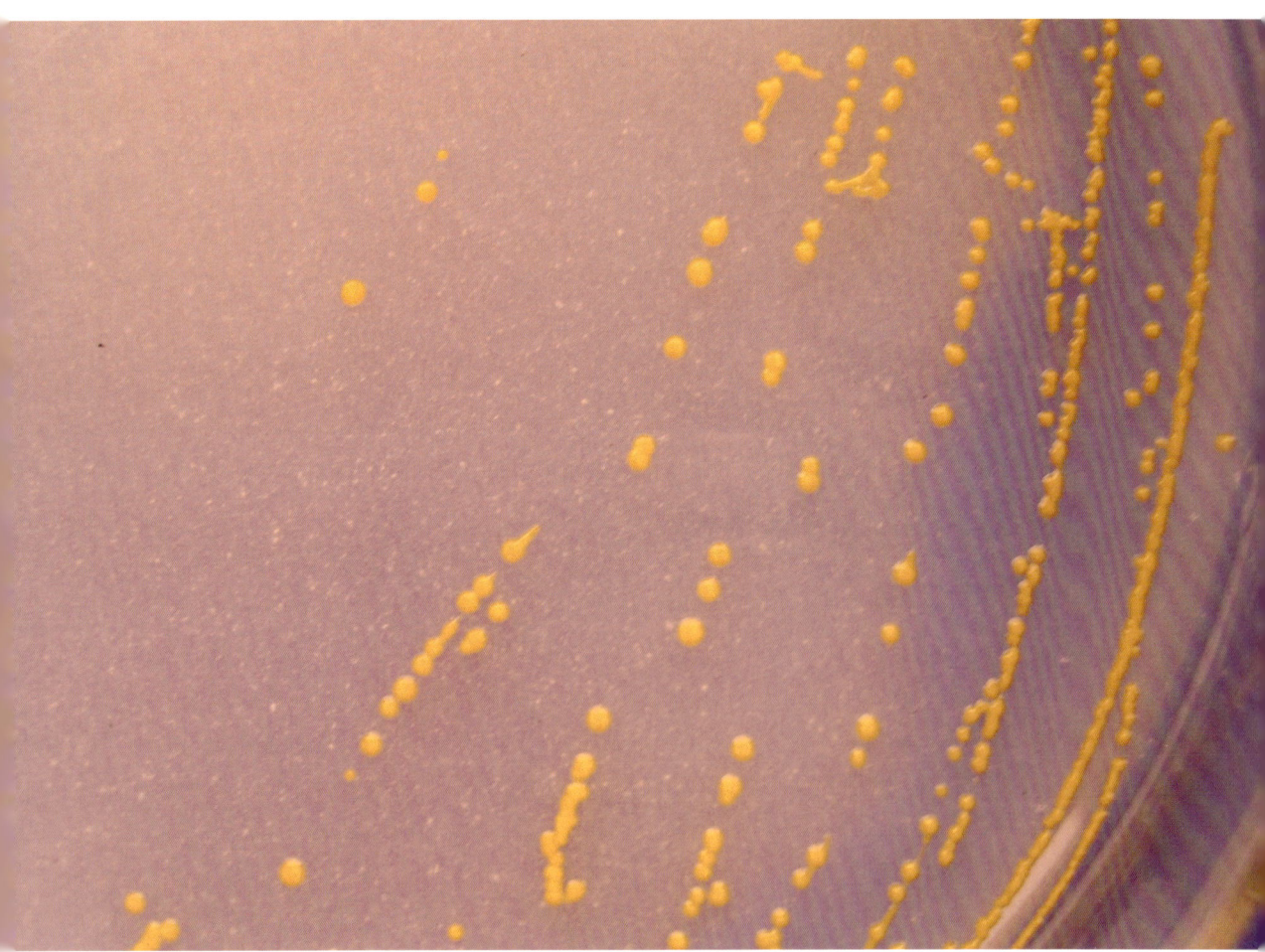

科研人员把水体中分离纯化的细菌涂布在培养皿中。图中为金黄色葡萄球菌菌落（汤祥明/摄）

湖泊微生物是湖泊生态系统中难以用肉眼观察的微小生物的总称。随意掬一捧湖水，其中就有数以万计的微生物。从19世纪末期开始，由于饮用水源中的致病微生物受到了越来越多的关注，湖泊微生物研究也随之开展。但绝大多数湖泊微生物目前还未被人们所认知，因为它们难以在实验室进行培养基培养。

微生物在湖泊生态系统中担任着"分解者"的角色，它们分解死亡水生生物的尸体，将其转化成各种无机营养物，养活了浮游植物。同时，它们还是小型浮游动物和各种幼虫的食料。这些微生物使得湖泊里的生命循环不息。湖泊微生物主要包括细菌类群、古菌类群、真核微生物和病毒。

1. 细菌

细菌在湖泊中分布极其广泛且种类丰富。由于细菌的细胞结构在原核生物中十分具有代表性，在目前的湖泊微生物研究中，人们对细菌的了解最为深入。

很多门类的细菌都有着超强的生存能力，这让它们适应了各种水质，能在非常恶劣的条件下生存。异常球菌-栖热菌门的细菌擅长修复自身的DNA，对可导致细胞死亡或突变的辐射有很强的抵抗力，还能忍受高温、严寒、干燥等极端环境条件。厚壁菌门的成员进化出了厚厚的细胞壁来抵御外界不良环境。一般细菌的细胞壁厚度是15—30纳米，而它们的细胞壁厚达50纳米。在成员众多的变形菌门中，γ变形菌门是盐湖微生物的重要类群，它们适应了中等盐度的湖泊环境。放线菌门的细菌体内有一种特殊的结合蛋白——视紫红质，这使它们能在高紫外线条件下生长；同时，由于它们的细胞较小，不太会被浮游动物吃掉，因此成了湖泊中数量占优势的细菌门类。此外，很多种类的细菌还演化出了产生休眠芽孢的技能。

2. 湖泊古菌类群

古菌类一般分布在高温、酷寒、高盐、厌氧等极端环境中，广泛存在于湖泊沉积物中。对于湖泊学家来说，古菌携带了大量有用的信息。古菌的外壳有很多尚待探索的物质，比如GDGT（一种醚类化合物）可以帮助科学家进行古环境的重建。湖泊中典型的古菌类群有嗜盐古菌、产甲烷菌、嗜热古菌、甲烷球菌等。

3. 湖泊真核微生物

湖泊真核微生物主要指真菌。真菌的细胞内有核膜包被的细胞核，细胞外有细胞壁，属于真核生物。水生真菌也是分解者，主要分解水中的枯枝落叶等有机物。

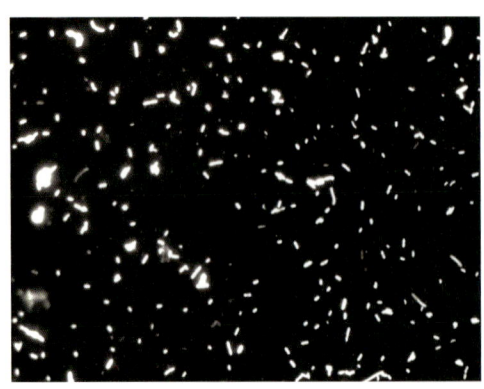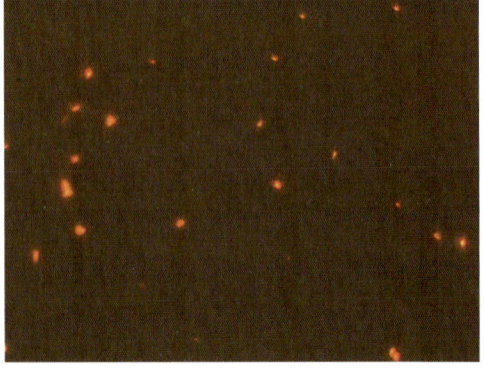

不同电子显微镜下的不同大小的湖泊细菌，红色代表有活性的细菌（汤祥明/摄）

西藏扎布耶茶卡盐碱湖含有丰富的古菌类群（邢鹏/摄）

水生真菌在参与调控浮游生物群落结构方面发挥着重要作用。比如壶菌类，它们寄生在浮游植物上，会形成能在水中游动、寻找新寄主的游动孢子。对于很多微小的浮游动物来说，浮游植物太大了，有点吃不下，而壶菌的游动孢子却是大小合适、营养丰富的美餐。寄生壶菌无意中将体积过大的浮游植物所含的营养通过游动孢子转换成了适合浮游动物的食物。

湖泊中常见的真菌种类有很多。比如淹没在湖水中的植物枝条上会有单毛菌、芽枝菌等真菌；在香蒲、灯芯草死秆与湖底植物腐叶上，常有多种子囊菌和半知菌；水底污泥中常有壶菌和半知菌等真菌。

科学概念

芽孢

芽孢是指某些细菌在胞内形成的、对不良环境条件具强抗性且有利于细菌传播的休眠体。芽孢一般呈圆形或椭圆形，厚壁、含水量低。它们熬过恶劣时期后，在适宜条件下又会重新萌发成为营养体，进行生长繁殖。

四 | 水生生物协奏曲

水面上下时刻上演着关乎生死存亡的"大戏" ⓨ

弱肉强食本是自然界的法则，水生生物世界里也到处弥漫着"火药味"。生活在湖泊生态系统中的各类生物之间存在着竞争、捕食、牧食、寄生、共生等关系。

1. 竞争关系

竞争关系指的是一种生物因消费或限制其他生物来获得有限资源，并对其他生物产生负面影响的生物间关系。竞争有两种形式：一是凭借比竞争对手更强的利用资源的能力而占据优势，称为利用性竞争；二是通过直接干扰竞争对手而获得更多资源，称为干扰性竞争。

比如，在夏日水体中，各种藻类疯狂地进行光合作用，摄取营养物质。其中，微囊藻对营养盐具有更高的结合、吸收能力，在营养盐的竞争中更具优势。这就是利用性竞争。微囊藻大量繁殖后，产生藻毒素，抑制其他藻类的生长，还产生各种化感物质，靠着一股"体味"，"呛"走附近的竞争者们。这就是干扰性竞争。

2. 捕食和牧食关系

在湖泊生态系统中，捕食和牧食关系的差异比较小，唯一不同的是：捕食者吃动物，而牧食者吃植物。比如我们常说的大鱼吃小鱼就是捕食关系，而草鱼吃水生植物就是牧食关系。

不过，即使是同一种生物，在不同的生命阶段担任的角色也可能不同。草鱼小时候并不吃水生植物，它们像很多鱼类刚孵化出来时一样，吃微小的浮游

富营养水体中，蓝藻大量繁殖，抢夺生存资源（李进京/摄）

动物，长大后才成了真正的素食者。河蚌小时候比较喜欢吃浮游藻类，两者是牧食关系，而长大后却爱上了吃浮游动物，就变成捕食者了。

为了生存下来，有些浮游动物演化出了自己的应对办法。比如，水蚤白天在湖水深处潜伏，夜晚才来到湖水表层的"闹市区"——因为白天鱼类在表层"巡逻"极为卖力，此时上浮凶多吉少。水蚤总是天黑之后沿着昼夜垂直迁移路径，成群结队地到表层世界"享受生活"。当它们感知到鱼的气味时，就会游得非常缓慢，这样不容易被鱼发现；如果鱼儿进一步靠近并开始捕食，水蚤便会爆发出"洪荒之力"溜之大吉。

3. 寄生关系

寄生是指两种生物在一起生活，一种生物从另一种生物获得营养物质或居住场所而不杀死宿主（至少不是立即杀死）的现象。依据体型的大小，寄生生物可以分为微型寄生生物（包括病毒、细菌、原生生物等）和大型寄生生物（如寄生性蠕虫、线虫和软体动物等）。

微型寄生生物个体小、世代时间短，一般来说，整个生长与繁殖过程都在宿主身上完成，即使转换宿主，往往也是在同一物种宿主的不同个体间转换。一些大型寄生生物的生活史则相对复杂。它们在宿主体内生长，在中间宿主中繁殖，能够在不同物种的宿主身上生活。

寄生生物横行可能导致自然水体中的鱼类大量死亡甚至灭绝。这不仅严重影响到渔业生产，而且会对整个生态系统的群落结构和多样性产生严重影响。比如，广泛分布于自然界水生环境中的弧菌科的气单胞菌是鱼类的重要病原菌。气单胞菌与鲈鱼之间是寄生关系，前者的大量繁殖会导致鲈鱼群体死亡。

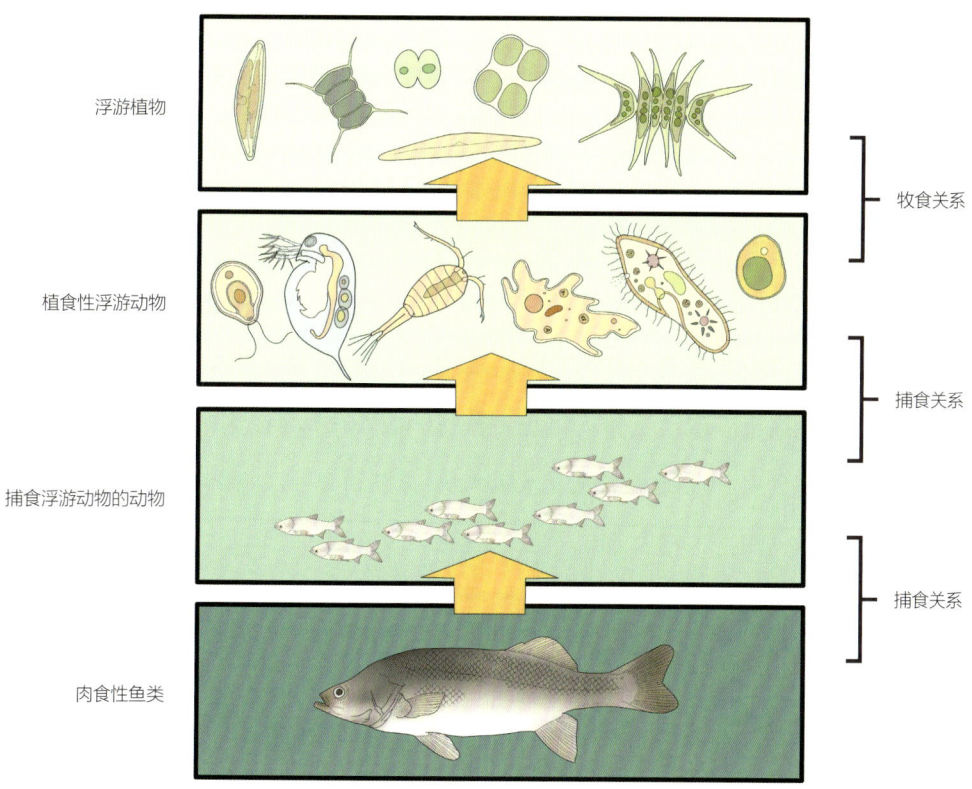

湖泊中的食物链关系（许悄/绘）

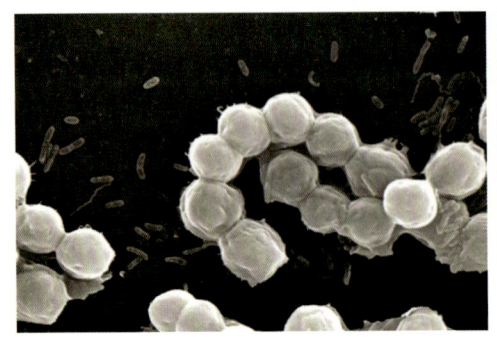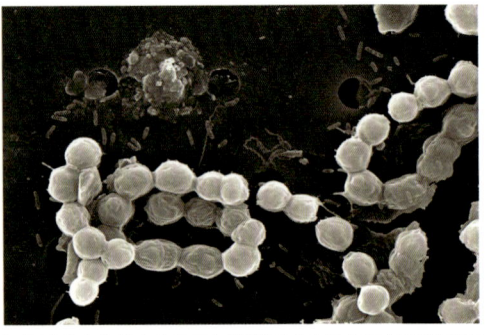

扫描电镜下的浮游细菌和附着在蓝藻上的细菌,这些附着在蓝藻上的细菌与蓝藻形成共生关系(汤祥明/摄)

4. 共生关系

广义上说,共生是指两种不同的生物紧密生活在一起而互不伤害对方的关系。按照双方是否获利来分类,可分为互利共生、偏害共生和偏利共生。其中,互利共生既可能是必需的,即两种生物均需要对方帮助才能维持生命,两者单独生活均不能存活;也可能是偶然的,即一种或两种生物虽然可以从共生关系中获利,但它们离开对方仍能生存、繁殖。

比如,在湖水中,一些种类的绿草履虫可以与绿藻形成互利共生关系:藻类通过光合作用给草履虫提供食物,藻类同时也获得了安全"住所",还能到处移动。许多细菌与浮游藻类之间也存在共生关系。这两类生物共同构成藻-菌共生系统:浮游藻类在生长过程中会不断向细胞外分泌多种有机物,在藻细胞周围形成一个独特的微环境——藻际环境。多种细菌生活在这个环境中,它们从藻类分泌的胞外有机物里获得所需营养;藻类则可以很方便地获得细菌分解有机质产生的二氧化碳,以及其他养料。

5. 生机勃勃的湖水

湖泊中的生物多样性非常丰富,生物之间的关系复杂而有趣,我们可以用符号简便地写出这些关系。

生物间关系一般有3种：①无影响——可以用"0"表示；②负面影响——可以用"-"表示；③正面影响——可以用"+"表示。竞争关系对双方都有负面影响，因此可将其表示为"--"；捕食和牧食关系对一方有正面影响，对另一方有负面影响，因此可将其表示为"+-"；寄生关系只对一方有利且对另一方有害，也可表示为"+-"；而共生关系中，偏害共生可表示为"-0"，偏利共生可表示为"+0"，互利共生则可表示为"++"。

研究湖泊生物之间的关系，能帮助我们理解湖泊生态系统，更好地开展环境保护、生态修复，并合理利用资源。比如，在控制藻类水华的研究中，中国科学家就提出并实践了利用东亚特有的滤食性鱼类（鲢、鳙）控制蓝藻的方法。在淡水渔业中，合理的养殖密度、种类和捕捞数量，也要基于对湖泊中生物间关系的了解。

> **再想一想**
>
> 本节中的出现的生物之间的关系如何用符号表示？
>
> 鲨鱼和䲟鱼（+0）
> 白蚁和肠道鞭毛虫（++）
> 杜鹃鸟和宿主（+-）
> 草鱼和水草（+-）
> 鲢鱼和蓝藻（--）

外来入侵物种会对湖泊原本的生态系统造成威胁，近年来，福寿螺（左，福寿螺卵块）和巴西龟（右）正在侵入我国淡水生态系统 Ⓨ

中国人·中国事

中国淡水生态学奠基人——刘建康

刘建康院士（上图，下图左一）
（中国科学院水生生物研究所/供图）

刘建康院士是我国著名鱼类学家、淡水生态学家，我国淡水生态学奠基人、鱼类实验生物学主要开创者。他于1917年出生于江苏省吴江县（今苏州市吴江区）；1938年毕业于东吴大学生物系；1947年毕业于加拿大麦吉尔大学研究生院，获哲学博士学位。1949年回国后，他先后任中国科学院水生生物研究所研究员，副所长、所长、名誉所长；1980年当选为中国科学院学部委员（院士）。

刘建康院士首创以系统生态学概念开展淡水生态学研究。由他领导开展的武汉东湖生态学研究历时40余年，确立了我国湖泊研究在世界湖沼学界的重要地位。

20世纪40年代，年仅27岁的刘建康在世界上首次揭示了黄鳝的性别转变规律，为低等脊椎动物性别分化机理的研究开拓了新的思路。20世纪50年代，他先后总结了我国池塘养殖和大水面渔业利用的经验，促进了淡水渔业的发展。他还主持开展了长江鱼类生态的调查——这是新中国成立以后有关淡水鱼生态的最系统、最完整的调查工作。他主持编著的《长江鱼类》一书于1976年问世——这是我国第一部淡水鱼类生态学专著，并成为后来论证葛洲坝和三峡大坝对鱼类生态影响的重要依据。他亲自参与了我国河流生态学研究，为解决我国面临的日益严重的水资源短缺和水环境恶化问题奠定了坚实的生态学基础，并指明了研究方向。

交流展示

我利用假期,观察了湖边和湖中的动植物,拍了照片。

1. 我发现,湖中的植物有:

   我查了资料,它们分别叫:＿＿＿＿＿＿＿＿＿＿＿＿

2. 我看到有人在湖边钓鱼,钓到的鱼有:

   我查了资料,它们分别叫:＿＿＿＿＿＿＿＿＿＿＿＿

3. 我借用学校实验室的显微镜,观察到湖里的微生物:

   我查了资料,它们分别叫:＿＿＿＿＿＿＿＿＿＿＿＿

第五章
中国湖，各有故事

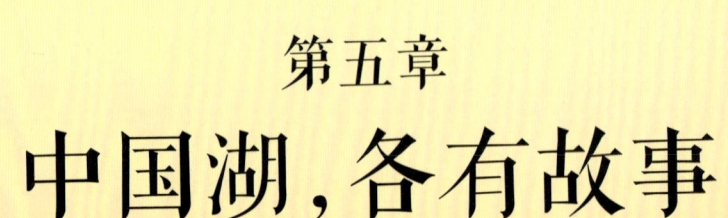

中国大地上的湖泊有的静卧于僻静荒野,有的身处繁华闹市,它们因所处地理和气候环境不同而"性格""相貌"各异。它们由或狂野或温柔的水流汇集而成,未来,它们也会迎来自身的"涅槃"。在这段生命中,它们拥有各自的传奇。

(本章湖形图均由中国科学院南京地理与湖泊研究所提供)

＊湖泊的面积和水深数据会根据气候、地理等原因发生变化,最新数据以国家测绘中心数据为准。

一 | 青藏高原的"山脉之眼"

在藏语里,青海湖叫"措温布",意为"蓝色或青色的湖"(周舟/摄)

1. 青海湖：山抱空天碧

位置： 位于我国青藏高原东北部。

面积： 约4625平方千米。

水深： 平均水深约18米。

特点： 中国最大的内陆咸水湖，平均海拔约4000米，只入不出的封闭湖。

形成原因： 受喜马拉雅造山运动的影响，湖东面的日月山快速隆升，封闭了原先的外流型淡水湖，演变为内陆封闭湖泊，湖水也逐渐咸化。

青海湖古称"西海"，又称"仙海""鲜水海""卑禾羌海"，北魏以后，才开始称作"青海"。

青海湖地势西北高、东南低，湖水在大山的包围中，波澜不兴，清澈碧蓝。它的北面是大通山，东面是日月山，南面是青海南山，西面是橡皮山，这四座大山海拔都在3600—5000米之间。

如果你忍不住想再亲近它一些，掬一捧清澈的湖水到嘴边，便会发现它居然咸得难以入口——要是你知道它在形成之初是一个和黄河水系相通的淡水湖的话，一定会更加惊讶吧。青海湖"年轻时"发生的一系列地质构造运动，使位于其东部的日月山剧烈上升，令原先注

趣味坊

青海湖湟鱼

也叫青海湖裸鲤。在青海湖的形成过程中，原来生活在黄河里的鲤鱼滞留湖中，为顺畅地排出体内盐分，鳞片不断退化，演化为适应高盐碱环境的鱼类。每年4—7月，它们逆流进入青海湖周边的大小淡水河中产卵。鱼卵在淡水中孵化成长，成鱼再顺河水游回青海湖。

春夏之交，即将产卵的青海湖湟鱼会在入湖河流的河口聚集，准备逆流而上

入黄河的河流被迫由东向西"倒流"，汇聚在这里。这些从四周高山上注入湖中的河流和冲刷山体的雨水携带着来自山脉的矿物盐，再加上这座湖处于东亚季风、印度季风和西风急流汇聚之处，空气流动快，周围的环境干旱，光照充足且辐射强，蒸发量远大于注入量，这些综合因素使得青海湖的盐分含量越来越高，它就这样越来越咸了。

不过，近年来青海湖变咸的脚步略微放缓了——这一阶段，青海湖的水位迅速上升，湖面面积持续扩大，进入了稳定扩张期，主要原因是气候变化令这一地区的河流水量和降水量增加了。青海湖湖水咸涩，并不能用于饮用和灌溉，但它对周边地区来说却非常重要——它是阻止荒漠化蔓延的天然屏障，被称为我国西北部的"气候调节器"。作为青藏高原气候变化特征的重要指示湖泊，它的变化对周边人类社会发展起到至关重要的作用。

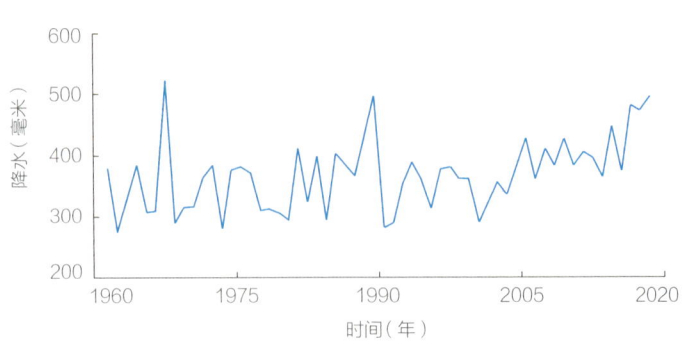

青海湖湖区降水变化（中国科学院南京地理与湖泊研究所/供图）

2. 色林错：河汇群崖水

位置：位于青藏高原核心地区羌塘高原的中南部，冈底斯山北麓，藏北高原的断陷盆地处。

面积：约2390平方千米。

水深：平均水深约30米。

特点：中国第二大咸水湖，藏北重要的牧业基地之一，青藏高原高寒湖泊湿地生态系统的典型代表。

形成原因：在约200万年前，由于地壳构造运动时地层陷落而形成的构造湖。

　　"色林错"的藏文名意思是"威光映复的魔鬼湖"。传说中，莲花生大师把魔鬼色林封印在这个湖里。色林错水域广袤，在不同区域呈现出不同的水色——靛蓝、宝石蓝、孔雀蓝、翡翠绿，荡漾在一湖之内。

　　色林错的湖水主要依赖地表径流补给，主要入湖河流有扎根藏布、扎加藏布、波曲藏布和阿里藏布（"藏布"是西藏大部分地区的人们说"江河"时的发音）。色林错流域内河网密布，它与越恰错、格仁错、吴如错和恰规错等23个湖泊相互连接，组成一个封闭的内陆湖泊群。

　　在传说中，魔鬼被封印后，故事仍未彻底结束。魔鬼并不安分，致使湖水忽涨忽落。牧民担心自己的牧场会被它吞噬。有意思的是，古老的传说与当下的现实产生了奇妙的联系。这座湖确实还在持续扩大，牧民的担忧也不无道理——20世纪70年代以来，色林错的水位每年上升。2014年时，其面积超过

色林错在不同的天气和角度上显现出不同的水色（戴频/摄）

色林错水色多变，充满神秘感（于凌/摄）

了纳木错，成为仅次于青海湖的中国第二大咸水湖。

　　这是几十年来色林错流域气候暖湿化带来的必然结果。当前，色林错所处的藏北地区年平均气温总体呈上升趋势，随着温度的升高，该地区降水量持续增加。与此同时，藏北高原不同区域的蒸发量，不同程度地呈现减少趋势。另外，青藏高原分布着大量冻土，温度升高之后，高原冻土面积缩小，冻土层普遍变薄，部分区域的冻土甚至完全融化。色林错位于全流域最低洼的地区，自然会成为水流汇集的中心。大量降水通过河流等输入色林错，各拉丹冬雪山上冰雪大幅消融，流域内冻土加速融化，大量淡水的注入，使得色林错的扩张成为必然。

　　色林错的扩张引发了一系列连锁反应。原本的低湖岸带牧场草地被淹，很多牧民不得不撤离。如果色林错水位继续抬升，水域继续扩大，它可能会与附近的小湖泊相连，成为一个更大的湖泊，进而影响拉萨—安多县至阿里地区大北线的正常通行。而且湖水变淡，对于原本已经适应咸水环境的水生生物来说并非幸事。根据青藏高原湖泊生态调查结果，随着盐度的降低，湖泊中物种发生更替，一些适宜咸水的物种如果不能调节适应，将逐步被微咸水或淡水物种代替。

科学概念

冻土

温度低于0℃的含冰岩土体，可分为多年冻土和季节冻土。长年处于冻结状态的土层称为多年冻土。如果冬季温度低于0℃时，土层冻结，夏季则全部融化，就叫季节冻土。

趣味坊

色林错的黑颈鹤

　　色林错有着世界上最大的黑颈鹤自然保护区。黑颈鹤是世界上唯一一种生长、繁殖在高原的鹤。它们看起来和丹顶鹤十分相似，最明显的区别在于头部白色斑块：黑颈鹤在眼后和眼下方只有一个小小的灰白斑块，头的其余部分和颈部约2/3全为黑色；而丹顶鹤从耳至枕为白色，喉部和颈部为黑色。

二 | 蒙新高原的"天空之镜"

冬日的呼伦湖拴马桩景区，图中大石是传说中成吉思汗的拴马之地（吴其慧/摄）

1. 呼伦湖：草原生明眸

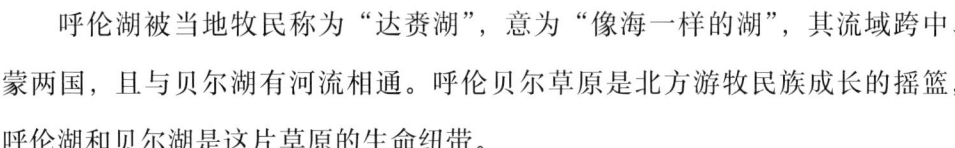

位置： 位于呼伦贝尔大草原腹地，呼伦贝尔市。

面积： 水面面积不断变化中，当水面标高为海拔545米时，面积约为2315平方千米。

水深： 非冰封期最大水深为8米，平均水深5.7米。

特点： 内蒙古第一大湖。

形成原因： 在漫长的地质时期经历了一系列地壳构造运动、岩浆活动、冰川活动，是在构造断陷盆地的基础上长期汇集河水发育而成的构造湖。

呼伦湖被当地牧民称为"达赉湖"，意为"像海一样的湖"，其流域跨中、蒙两国，且与贝尔湖有河流相通。呼伦贝尔草原是北方游牧民族成长的摇篮，呼伦湖和贝尔湖是这片草原的生命纽带。

呼伦湖所在地区属于中温带大陆性气候。它地处高纬度地区，冬季寒冷漫长，夏季温凉短暂，多年平均气温在-0.5℃—0.5℃之间，相对湿度较大。夏季的呼伦湖海天一色，湖水丰沛；而冬季酷寒，封冻期长达180天，冰层最厚可达1米以上，人迹罕至，但景色极为壮丽。

呼伦湖是一个具有吞吐性质的湖泊，它在淡水湖和咸水湖之间不断转变。水量的增减与"是否为开口湖"是影响呼伦湖盐度的主要因素。随着构造运

冰封期的呼伦湖（吴其慧/摄）

动和气候变迁，历史上的呼伦湖时而扩大，时而缩小。当呼伦湖的水量过多时，它就成为一个外流湖，湖水通过周边河流进入黑龙江，最后流入太平洋。此时，它含盐量减少，是个淡水湖。当水量少、水位下降时，湖水停止外排，周围的河水会倒流注入湖中，此时，它便成了内陆湖。由于盐分无法排出，当湖水含盐量升高到一定程度时，它便成了咸水湖。

独具一格的水系特征使呼伦湖成为各类水生生物的乐园。每年四五月冰雪消融、春回大地之际，数不清的鱼从贝尔湖游入呼伦湖；七八月份，成群的鱼儿密密麻麻地聚在鱼栅前，争先恐后地欢跃而起；到了寒冬腊月，则是捕鱼的黄金季节，呼伦湖冬季的鱼类产量超过全年的80%。在呼伦湖漫长的冰封期，

研究人员冒着严寒在冰封的呼伦湖采集水样（薛滨/摄）

厚厚的冰层之下藏有鲤鱼、鲫鱼、油餐鲦、蒙古红鲌、鲶鱼、秀丽白虾等30多种水产。为了渔业资源的可持续发展，呼伦湖以往每年的四月至十一月都处在"封湖休渔"期，冬季只有冰层达到约45厘米，且经验冰人员检测合格后，才可以开始冬捕。近年来，呼伦湖已实施封湖休渔。

依靠呼伦湖草场生活的牧民和野生动物都离不开这个大湖。1986年，呼伦湖成立了自然保护区。1990年，它成为自治区级自然保护区。1992年，升级为国家级自然保护区。

文化漫游

《魏书》中的"大泽"

考古发现，鲜卑拓跋部的发源地大致位于今内蒙古鄂伦春自治旗附近的大兴安岭山中。被学界普遍接受的观点是：鲜卑祖先"南迁大泽，方千余里"中的"大泽"很可能是指呼伦湖。

2. 喀纳斯湖：西域涨春水

位置： 位于阿尔泰地区布尔津县北部，阿尔泰地槽褶皱带的富蕴背斜褶皱带西部。

面积： 约45平方千米。

水深： 平均水深约120米。

特点： 湖形如弯月，我国第三深的湖泊。

形成原因： 冰川终碛垄潴水成湖。

喀纳斯湖湖水呈现蓝、绿、黄、白、红、褐等颜色，条块分明（王农林/摄）

"喀纳斯"意为"美丽富饶、神秘莫测"。喀纳斯湖属于中国境内阿尔泰山喀纳斯河流域,是喀纳斯河上游的一个开阔段,湖盆由构造断陷和冰川作用而形成,湖水来自友谊峰等山的冰川融水、降水、地下水和湖四周1000多条小溪。喀纳斯湖湖岸两侧崖岩林立、植被茂盛,湖边和山脚处有大片的针阔混交林,山色掩映下的湖水因观察角度、时间和天气不同,呈现出各种奇异的色带。

喀纳斯湖是研究阿尔泰地区古气候的窗口。它的沉积物中,硅藻保存好、含量高,对湖泊水文状态和区域气候的变化响应敏感,储存了大量生态和环境变化的信息。对于喀纳斯湖岩芯硅藻、孢粉的研究显示,在约1.29万年前,这里的水体中,生物初级生产力低,硅藻含量和种类都很少,说明此地气候寒冷。全新世沉积物中的硅藻组合则显示,湖区气候开始变得温暖,逐渐由干燥转为湿润。接近晚全新世时期,沉积物显示湖泊营养水平和生产力正在下降。近百年来,随着气候变暖,喀纳斯湖周边气温升高,湖泊营养水平持续降低。研究古气候变迁、积累数据、研究规律,对未来新疆地区在全球气候变暖背景下的发展非常有意义。

喀纳斯湖周围如今属于喀纳斯自然保护区,这里的生态系统浓缩了阿尔泰山自然生态系统和景观的精华,保存了完整的植被垂直带谱,是我国仅有的西西伯利亚山地南泰加林生态系统的代表。

趣味坊

中国最深的冰碛堰塞湖

喀纳斯湖岸陡湖窄,据水下地形测量,湖最深处竟达到196米。湖面积虽然不大,但蓄水能力十分惊人。喀纳斯湖的容积为$5.38×10^9$立方米,超过了太湖、洪泽湖和巢湖。

3.博斯腾湖:天山有水乡

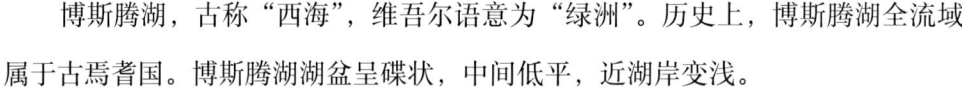

位置: 位于天山南麓,焉耆盆地东南部。

面积: 约1005平方千米。

水深: 平均水深7.5米。

特点: 我国最大的内陆淡水湖,新疆渔业生产基地、芦苇生产基地。

形成原因: 构造湖,在地质构造上为天山西褶皱带内部的坳陷区,属中生代断陷湖。

博斯腾湖,古称"西海",维吾尔语意为"绿洲"。历史上,博斯腾湖全流域属于古焉耆国。博斯腾湖湖盆呈碟状,中间低平,近湖岸变浅。

博斯腾湖身处亚欧大陆内部,海洋水汽难以到达,年降水量较少,蒸发旺盛,湖水主要依靠唯一一条入湖河流——开都河补给。孔雀河是博斯腾湖唯一的出湖河流。开都河又分为东、西两支河流,将博斯腾湖分为大湖区和小湖区两部分,东支注入博斯腾湖大湖区,西支注入小湖区,小湖区面积在100平方千米左右,而大湖区面积近1000平方千米。在博斯腾湖的水边,分布着大片睡莲和芦苇荡,有时甚至会让人误以为来到了江南水乡。

《隋书》记载,博斯腾湖有"鱼盐蒲苇之利",湖区水草丰美,芦苇丛生。你可能想象不到,这一地处新疆的湖泊竟然还是中国四大集中产苇区之一——芦苇是当地重要的产业支柱和命脉。博斯腾湖湖区有超过400平方千米的芦苇荡,这些芦苇荡不仅能净化水质,每年还可产20多万吨成熟的芦苇。芦苇在当地经济生活中扮

博斯腾湖上的水生高等植物群落（龚伊/摄）

演了重要角色，既是优质的造纸原料，还能用于制作防风固沙的沙漠草方格。2022年6月，第三条穿越"死亡之海"塔克拉玛干沙漠的公路正式通车，路两边上万个固沙草方格就是用博斯腾湖的芦苇制作的。

博斯腾湖西南角是中国面积最大的野生睡莲生长区。虽然睡莲是一种常见的观赏植物，但人们日常见到的大多为人工栽培的品种，野生睡莲非常少见。在博斯腾湖，每到夏天就有超过50平方千米的野生睡莲在芦苇荡边缘开放，让这片湖泊宛如江南水乡一般柔美。

博斯腾湖还盛产各种淡水鱼，早在唐朝时期就有"鱼海"之名。这座湖是干旱的西北地区名副其实的"塞外鱼仓"，渔业年产量约为4000吨，拥有32个淡水鱼类品种。如今，博斯腾湖的鱼子酱甚至进入了欧洲、中亚等地区的市场，颠覆了人们对于新疆特产的刻板印象。

 **文化漫游**

古焉耆国

古焉耆国曾经是丝绸之路上的重要中转点。《隋书·西域传》《旧唐书·西戎传》《新唐书·西域传》《大唐西域记·阿耆尼国》中都有关于焉耆国的记载。

博斯腾湖为这个古国带来了丰饶的物产。但由于它地处交通要道，是兵家必争之地，历史上多次被不同的势力攻占，最终于13世纪末灭亡。

4. 赛里木湖：镜空含万象

位置：位于新疆维吾尔自治区北天山山脉中。

面积：约460平方千米。

水深：平均水深约56米。

特点：古丝绸之路北路的必经之地，新疆海拔最高、面积最大的高山湖泊。

形成原因：山体在大幅度抬升过程中，伴随着区域内构造断裂的强烈活动，产生岩层错断陷落而形成的构造湖。

赛里木湖被高山环绕，来自大西洋的水汽最终聚集于此（王农林/摄）

成吉思汗西征时期，赛里木湖被称为"察罕赛里木淖尔"（蒙古语），"察罕"为"白色"之意，"赛里木"为"平静无波"之意。赛里木湖也被称为"三台海子"，因为清代曾在湖东岸设有军台。从公元前2世纪到公元15世纪，丝绸之路从赛里木湖畔通过，为这片土地带来繁荣和文化交融。

赛里木湖还有一个美丽的名字："大西洋的最后一滴眼泪"。因为它位于天山北坡，静卧在高山盆地之中，四周环绕着高耸的雪山，来自大西洋的暖湿气流长途跋涉后，无法翻越天山北坡，只能在这里徘徊，受到地形抬升的影响，形成了降水，汇集到这个高山盆地里。湖区属于温带大陆性半干旱气候，年平均气温0.5℃，极端低温可达-36℃左右。湖水除了被截留的大西洋水汽降水，还有入湖的河流对其进行补充，因此湖水比较充沛，透明度高达7—10米。1968年以前，赛里木湖里没有鱼类栖息；1968年后，进行了引种养鱼试验，分别从天池、玛纳斯河、额尔齐斯河等地引入了多种经济鱼类；20世纪末，还从俄罗斯引进了几种冷水鱼类。目前它已成为新疆重要的冷水鱼生产基地。

20世纪80年代到21世纪初的遥感数据表明，赛里木湖一直在慢慢"长大"，降水和河流径流量明显增加，湖泊水位逐步上升。赛里木湖周围并没有灌溉引水等大规模的人类活动。和人类活动比较频繁的博斯腾湖流域相比，它的变化显然与气候变化的关系更为紧密。气候变化造成的湖面扩张会引发湖岸坍塌，危害沿湖公路。

再想一想

有哪些自然因素会影响湖泊面积？

影响湖泊面积大小的因素有很多，主要包括湖泊的地理构造、气候变化、湖盆形态等。气候变化的影响最为显著，由于气候变暖，湖泊蒸发加剧，湖水蒸发量增加；湖泊补给水量减少；而受气候变化影响，湖泊周边的冰川、积雪正在逐步融化。

5.罗布泊:静默聚宝盆

位置: 位于新疆维吾尔自治区东南部,中国最大沙漠——塔克拉玛干沙漠的最东缘,塔里木盆地东部的最低处。

特点: 古丝绸之路上的咽喉要地,蕴藏着丰富的钾盐矿。

形成原因: 塔里木盆地东南缘和东北缘两组边界走滑断裂,对其交会内侧地带产生近东西向的拉张,形成了箕状凹陷。

罗布泊在中国古代曾被称为"幼泽""盐泽""蒲昌海"和"牢兰海",元朝以后被称为"罗布淖尔",意为"多水汇集之湖"。它从曾经的"广袤三百里,其水亭居,冬夏不增减"(《汉书·西域传》),到如今的"八百瀚海,黄沙漫天",一个烟波浩渺的湖泊、丝绸之路的要冲变成了干旱不毛之地,留下了无数谜团。

罗布泊所在的盆地形成于第三纪末至第四纪初,基岩主要为砂岩,是塔里木盆地的沉降中心。关于古代罗布泊的具体位置问题,国际地理学界曾经持续争论了半个多世纪之久,至今未有定论。罗布泊干涸的原因很复杂,既与全球气候变化的大背景相关,也有区域性的构造运动原因,还与历史上人类滥用塔里木河的水资源有关。近100年来,入湖的塔里木河、孔雀河下游河床迁徙频繁,入湖水量也不断变化。1952年,罗布泊的一些支流上游被筑起了水坝,塔里木河改道,入湖水量锐减,罗布泊面积急剧缩小。1972年,罗布泊完全干涸成了沙漠。

罗布泊的卫星影像形状酷似人的耳朵轮廓,显示出8道"耳轮线",是地球表面一处神秘的景观。大多数学者认为,这是湖水在干涸、退缩过程中形成的消退韵律线。也有研究表明,"耳轮线"的形成与盐壳物质的组成特征有一定联系:

位于罗布泊地区的大型钾盐矿，利用其天然地形存放从地下抽取的卤水，蓄水形成了一个盐湖（任晖/摄）

盐壳中以氯化物为主的盐分高度集中，生成了光谱反射性极强的晶体物质，因而在卫星照片上呈现出一道道色调较浅的轮廓。不过，它的真正成因还有待进一步探索。

虽然罗布泊已经干涸，但是科学家们并未停止对这片区域的考察和勘探。在我国科研人员的不懈努力之下，罗布泊地下蕴藏着的巨大的钾盐矿被发现了。研究人员预测，罗布泊北部地区的钾盐资源总量超过2.5亿吨！它是我国为数不多的超大型钾盐矿之一，将成为中国最大的钾盐生产基地。对它的开发，能极大地缓解我国钾盐资源的紧张状况。此外，该地区还有钠、镁、锂、硅等矿产资源，具有非常广阔的盐湖开发和综合利用发展前景。如今，历经艰苦的发展之路，在这片一度人迹罕至的不毛之地上，已建成了现代化的工厂和矿区，沉睡了千年之久的"死亡之海"变成了为我们供给矿产的"资源之海"。

 趣味坊

惊醒罗布泊的巨响

1964年10月16日15时，新疆罗布泊上空腾起一朵巨大的蘑菇云——我国第一颗原子弹试爆成功。中国成为继美国、苏联、英国、法国之后，世界上第五个拥有核武器的国家。这一成就标志着我国科技水平发展到一个新的阶段，打破了超级大国的核垄断。

三 | 云贵高原的"云雾之家"

每年会有数万只鸥类来滇池越冬 Y

1. 滇池：颠倒入海流

位置：位于云南省昆明市西南。

面积：约311平方千米。

水深：平均水深约3米。

特点：云南最大的淡水湖，也是中国第六大淡水湖。

形成原因：处于康滇大断裂带上多组斜滑断层构成的复式地堑最低洼处，是由断层陷落凹地积水而形成的构造断陷湖。

  盘龙江是滇池的主要水源，其江水流经山谷之间，分为20余条河流汇入滇池。海口河是滇池唯一的出水口，最终汇入金沙江。古滇池的面积远大于现在。在滇池附近，西南到东南区域，分布着很多螺壳堆，都是新石器时期的文化遗址。据考古学家判断，这些遗址当时应在湖滨，而现在已距离湖岸1—5千米了，可见古滇池湖面比如今大，湖面比现在高出了约100米。

  在2亿年前的中生代，云南大地最后一次从海底升起，逐步形成了一大片平缓的高原面。中新世末期（1200万年前），受第三纪喜马拉雅造山运动的影响，这片高原又开始活跃起来，发生了多次间歇性的不等量抬升，出现了南北走向的断裂。断裂带以西的地壳受到抬升，形成陡峭的西山；断裂带以东相对下沉，部分山地抬升，阻断了古盘龙江向南奔流的通路。古滇池就是这个凹陷盆地不断蓄水的产物。古滇池与云贵高原的八大湖泊（洱海、抚仙湖、程海、泸沽湖、杞麓湖、星云湖、阳宗海、异龙湖）一样，水流自北向南流动，湖水汇入红河、流入南海。然而，由于自然营力的原因，如今的滇池水则自南而北汇入了金沙江，最终进入了东海。

2. 抚仙湖：远古留书函

位置： 位于云南省中部玉溪市郊。

面积： 约211平方千米。

水深： 平均水深约90米。

特点： 云南省最深、蓄水量最大的湖。

形成原因： 形成于喜马拉雅运动和新构造运动，是云贵高原抬升过程中形成的断陷型深水湖泊。

抚仙湖是我国云贵高原地区典型的构造湖泊之一，其动听的名字来源于美丽的传说：一说是有两位仙人被湖景迷住，在湖边并肩而立；另一说是因湖西面的尖山平地拔起，宛如高大的仙人立于湖岸，伸手抚摸碧绿的湖水。抚仙湖最大水深约155米，其形状犹如一枚倒置葫芦。它的姐妹湖星云湖位于其西南方向，两者间通过玉带河紧紧连接在一起。

抚仙湖周围远古地质活动复杂，湖底深厚的沉积物对于湖泊学家来说是一个取之不尽的信息宝库。有研究表明，抚仙湖沉积物平均堆积速率仅为1.6毫米/年，低于云贵高原地区其他湖泊的沉积速率。如此低的沉积速率可能与其深度有关。受现有条件限制，抚仙湖过去中长时间尺度下的环境变化还有待进一步研究。

古老美丽的抚仙湖还为我们保留了大量远古时代的生命遗迹。1984年7月1日，中国科学院南京地质古生物研究所研究员侯先光在澄江县帽天山发现了"纳罗虫"化石，拉开了对距今5.3亿年的无脊椎动物化石群——澄江生物群进行发掘和研究的序幕。这个埋藏量巨大的古生物化石群是地球上发现的分布最集中、保存最完整、种类最丰富的"寒武纪生命大爆发"例证，一举推翻了此前诸多假设，全面揭示了寒武纪生命大爆发的真实面貌，被国际科学界誉为"古生物圣地"。中国科学院舒德干院士带领的研究团队围绕澄江生物群开展了近30年的工作。澄江生物群与澳大利亚埃迪卡拉动物群（距今5.8亿年），以及加拿大布尔吉斯页岩动物化石群（距今5.15亿年）被称为地球历史早期生物演化实例的三大奇迹。该生物群遗址已于2012年7月1日被联合国教科文组织列入《世界遗产名录》。

抚仙湖"精灵鱼"

抚仙湖中的珍稀土著鱼——鱇浪白鱼正面临灭绝的危险。20世纪80年代中期，与抚仙湖相连的星云湖引进了银鱼，进行大规模养殖。银鱼通过河流进入了抚仙湖，逐渐占据了鱇浪白鱼的生态位。此外，过量捕捞、水质恶化也导致了鱇浪白鱼数量急剧下降。

抚仙湖南北长、东西窄，湖水晶莹剔透（李凯迪/摄）

澄江生物群的莱德利基虫化石（高梓硕/摄）

四 | 东部平原的"温柔之乡"

鄱阳湖有着"高水似湖,低水似河""洪水一片,枯水一线"的季节变化,图中为枯水季的样貌 ⓥ

1. 鄱阳湖：帆落湖中天

位置：位于江西省北部、长江南岸上饶市附近。

面积：平水位（14—15米）时约为3150平方千米，高水位（20米）时在4125平方千米以上，低水位（12米）时仅约500平方千米。

水深：平均水深约5米。

特点：中国第一大淡水湖泊，候鸟天堂。

形成原因：由我国古代地跨长江两岸的彭蠡泽解体后演化、变迁而形成。

鄱阳湖是一个季节性吞吐型湖泊。丰水期时湖面烟波浩渺，湖中鱼豚游弋；枯水期时水位降低，露出大片滩涂、草洲。其独特的水文特征使它呈现出"高水似湖，低水似河""洪水一片，枯水一线"的独特样貌，表现为典型的水陆交替出现的湿地景观。每年10月，水落滩出，大片湿地吸引了数十万候鸟飞过千山万水来此越冬——鄱阳湖是"东亚—澳大利亚"候鸟迁徙路线上最重要的水鸟越冬地。2021年，根据江西省对鄱阳湖越冬水鸟开展的全湖调查，共监测到越冬水鸟68种，数量达68万余只。

诗文中的鄱阳湖

唐代王勃《滕王阁序》描写鄱阳湖："落霞与孤鹜齐飞，秋水共长天一色。渔舟唱晚，响穷彭蠡之滨；雁阵惊寒，声断衡阳之浦。"

宋代苏轼在《过都昌》中写道："鄱阳湖上都昌县，灯火楼台一万家。水隔南山人不渡，东风吹老碧桃花。"

鄱阳湖是候鸟重要的中转站和越冬地（赵中华/摄）

20世纪80年代初，人们在鄱阳湖发现了世界上最大的白鹤种群。科学家们运用卫星跟踪技术获得了鄱阳湖白鹤群的具体迁徙路线。它们的繁殖地远在俄罗斯北极苔原沼泽湿地，长期补给停歇地位于中国东北松嫩平原西南部的沼泽湿地。每年春秋两季，它们长途跋涉，跨越上万千米往返于两地。30多年前，还存在着另外两条白鹤迁徙路线，如今都已几近丧失，鄱阳湖的线路显得更为宝贵——鄱阳湖已成为世界上最大的越冬白鹤群体栖息地，白鹤种群占全球数量的98%以上。

除了白鹤，鄱阳湖还是世界上最大的东方白鹳种群、鸿雁种群和小天鹅种群的越冬地，是名副其实的珍禽王国、候鸟乐园。鄱阳湖湿地面积大，拥有丰

珍稀的白鹤飞过鄱阳湖上空（黄洁玲/摄）

 **再想一想**

候鸟是否会变成留鸟？为什么？

语句有的会在迁徙途中因疲劳或受伤而滞留在原有的栖息地，如果此地的食物和重要条件能够满足它们的生存需要，它们就可能在此地长期居留。另外，气候变化、栖息地破坏等原因也有可能导致候鸟滞留在越冬地，它们甚至可能被迫改变迁徙路径。

富的植物、鱼类与底栖生物，可为不同食性的鸟类提供食物保障。1983年，江西省在鄱阳湖设立鄱阳湖湿地自然保护区。1988年，这片湿地保护区经国务院批准升级为国家级自然保护区；1992年成为我国首批列入《国际重要湿地名录》的湿地。

近几年，越冬候鸟们对鄱阳湖越来越"恋恋不舍"，推迟北归的行程。有些候鸟甚至成了鄱阳湖的"常住居民"。

2. 洞庭湖：银盘伏青螺

位置： 位于湖南省北部，长江荆江河段以南。

面积： 丰水期时约2820平方千米。

水深： 平均水深8.4米。

特点： 我国最大的调蓄湖泊，具有强大的蓄洪能力。

形成原因： 盆地断陷的同时，四周的山地隆起，经发展演变潴水而成。

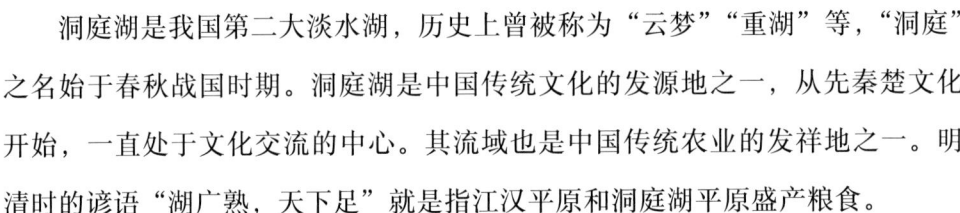

洞庭湖是我国第二大淡水湖，历史上曾被称为"云梦""重湖"等，"洞庭"之名始于春秋战国时期。洞庭湖是中国传统文化的发源地之一，从先秦楚文化开始，一直处于文化交流的中心。其流域也是中国传统农业的发祥地之一。明清时的谚语"湖广熟，天下足"就是指江汉平原和洞庭湖平原盛产粮食。

"衔远山，吞长江，浩浩汤汤，横无际涯……上下天光，一碧万顷……"北宋范仲淹所看到的洞庭湖比如今的面积更大——洞庭湖经历了从小到大，又从大到小的过程。洞庭湖的湖盆形成于7000万年前的燕山运动。此后，该地区一直在沉降。据典籍分析，先秦时，洞庭湖地区还是河网交错的平原，只在君山西南侧有一个小湖。秦朝以后，长江和汉江带来的泥沙使云梦泽逐渐淤塞，为洞庭湖蓄水创造了条件。魏晋南北朝时期，北方战乱，南迁的士族带来了大量人口和先进的耕作技术。随着垦殖活动的增加，云梦泽彻底成了适宜农耕的江汉平原，也直接影响了洞庭湖的演变。隋唐以后，荆江北岸河床继续增高，南边的洞庭湖区域则继续沉降，于是，江水向南分流，洞庭湖面积进一步增大，至晚唐出现了"八百里洞庭"的说法。明清之际，洞庭湖面积达到最大值。随

如今的洞庭湖风景仍然优美如画，面积却比全盛时期缩小了许多（王子彤/摄）

着长江上游人类活动增多，地表植被遭到破坏，江水裹挟着大量泥沙注入洞庭湖，导致湖底淤积、湖面扩展。近代以来，泥沙淤积和围湖造地则使洞庭湖逐渐缩小，到20世纪90年代，其面积只剩全盛时期的三分之一了。洞庭湖的缩小受到气候变化和人类活动的双重影响，洞庭湖流域年降水量总体上呈下降趋势，流入湖泊的水量偏少。我们能做的只有减少人类活动对洞庭湖的危害，加强监管，提升公众环保意识，爱惜、保护大自然。

 **文化漫游**

诗中洞庭湖

唐代刘禹锡在《望洞庭》中写道："湖光秋月两相和，潭面无风镜未磨。遥望洞庭山水翠，白银盘里一青螺。"

李白在《陪族叔刑部侍郎晔及中书贾舍人至游洞庭五首》中写道："南湖秋水夜无烟，耐可乘流直上天。且就洞庭赊月色，将船买酒白云边。"

2001—2018年洞庭湖年平均水域面积变化（中国科学院南京地理与湖泊研究所/供图）

*洞庭湖面积受季节影响很大，年平均水域面积和丰水期水域面积相差较大。

3. 太湖：黎色万千顷

位置：位于长江三角洲南部，江苏和浙江两省的交界处。

面积：约2338平方千米。

水深：平均水深约2米。

特点：我国第三大淡水湖。

形成原因：经历构造断陷—海陆交替—出流堰塞的过程，经淡化而成的潟湖。

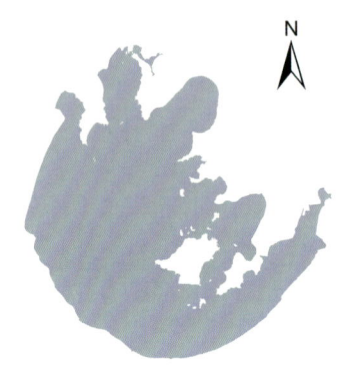

中国科学院太湖湖泊研究站（奚和平/摄）

太湖一角——无锡鼋头渚

太湖自古有"包孕吴越"之称,还有很多别名,如震泽、具区、五湖和笠泽等。太湖虽然面积不小,但平均深度较浅,属于大型浅水湖泊。湖泊学者用沉积学的理论分析太湖的成因,提出了"潟湖成因说""构造成湖说""三江壅塞说""风暴流涡动成因说""陨石说"等学说。其中,"太湖是否由潟湖演变而来"这一问题争议最大。反对者认为太湖由河流堰塞形成,而非由全新世海侵形成的海湾、潟湖演变而来。

太湖的西面和南面岸线比较平滑,呈弧状,北面和东面有许多湖湾。俯瞰时,湖的形状有点像一只头朝西南方向的章鱼,恐怕这在全世界湖泊中算是独一无二的特点。有人认为,太湖弧形的西南岸线是湖流侵蚀的缘故。其沉积物类型受到湖流的影响,特点之一是沉积速率比较低,远低于巢湖、洞庭湖、鄱阳湖等大湖。由于太湖水浅,沉积物易受风浪的扰动,可能再次悬浮到水中;加上太湖吞吐量大,换水周期短(仅约1年),大量泥沙被水流带走,所以受湖流的影响,太湖的西面大部分为侵蚀型湖底,而东面较多堆积型湖底。

4. 洪泽湖：湖宽青嶂开

位置： 位于淮河中下游，江苏省淮安市西部。

面积： 约1577平方千米。

水深： 平均水深1.8米。

特点： 湖体形态极不规则，湖底高程高于下游地面数米，是一个"悬湖"。

形成原因： 形成于1128年"黄河夺淮"以后，是历代治黄、保运工程的产物和组成部分。

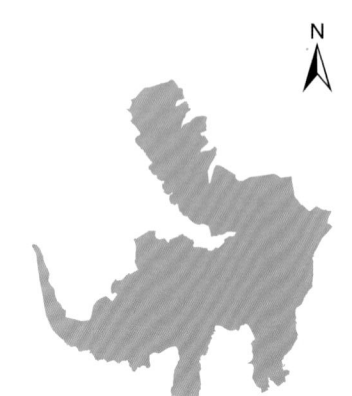

洪泽湖在淮河中游的冲积平原上发育，原是泄水不畅的洼地，后来潴水形成了一些规模较小的湖泽，如富陵湖、破釜涧、泥墩湖、万家湖等，被称为富陵诸湖。隋代，破釜涧改名为洪泽浦。唐宋时期，古淮河自西南向东北流淌，穿过富陵诸湖，汇集泗水等河流，注入黄海。洪泽湖形成大湖是从"黄河夺淮"开始的——改道的黄河淤塞了淮河干流和许多支流，淮河无法进入下游河道，便在洪泽凹陷区积聚，使富陵诸湖的大小湖泽、洼地逐渐连成一片，形成了洪泽湖的雏形。

"黄河夺淮"期间，水患严重。明清两朝为确保运河通行和解决黄淮下游河床淤积的问题，在洪泽凹陷区的东侧，增高、加长堤坝。高家堰（今洪泽湖大堤）初建时为土堤，长15千米左右；明万历年间，这条堤坝改建为石堤，并延长达50多千米。随着历代治河者不断加高加固原有大堤，淮水东流的出口被彻底切断，淮河与诸湖塘逐渐合二为一，具有统一湖面的洪泽湖得以形成。洪泽湖的水域

洪泽湖是淮河流域的航运枢纽,也是渔业、禽畜产品的生产基地(姚书春/摄)

淹没了曾经繁华的泗州城。直到1855年,黄河又改道入海,"黄河夺淮"终结。历经数百年,洪泽湖成了淮河流域最大的湖泊,其湖底高出东侧平原数米,是个"悬湖"。

由于"黄河夺淮"带来的巨量泥沙完全改变了淮河入海的原有水道,洪泽湖地区一直是水患多发区域。直到中华人民共和国成立后,重新治理淮河,在洪泽湖兴建了一系列控制工程,才彻底改变了这一地区长期遭受洪涝威胁的局面,使得广大农田的灌溉水源得到极大改善。治淮以前,洪泽湖汪洋一片,洪灾肆虐;如今洪泽湖育一方水土,养一方人民。洪泽湖和淮河入江水道的千年变迁史就是一部人与自然共生的壮丽史诗,其中包含着人类智慧和文明的巨大财富。

文化漫游

交通要道

从唐代开始,洪泽湖周围一直是水路交通要道。到了宋代,洪泽地区农业发达,经济繁荣,南来北往官宦、墨客多经此处。杨万里的《清晓洪泽放闸四绝句》中就描绘了洪泽一带舟楫往来的情形。

5. 巢湖：茫茫一镜平

位置： 位于安徽省中部，江淮丘陵南部。

面积： 约750平方千米。

水深： 平均水深2.7米。

特点： 我国第五大淡水湖，被誉为"皖中明珠"。

形成原因： 处于两大板块分界部位，因不断断陷而形成。

巢湖水质一度恶化，但经过10年的综合治理，水质得到了改善（杨盼/摄）

巢湖是一个典型的由于断层陷落蓄水而成的湖泊，大约形成于晚更新世末期（距今1万年左右），其湖盆形态沿断裂方向由中间向南突出，酷似鸟巢，巢湖因此而得名，古亦有焦湖、南巢之称。据《巢县志》："《淮南子》云，历阳之郡，一夕反而为湖。"记载的是巢湖水域本是陆地，一夜之间陷落为湖的传说。相传，当地一位老妇人焦母预先得知此地即将塌陷，便和其女一起通知乡亲。幸免于难的人们为纪念焦氏，此湖又被称为焦湖。

历史上关于巢湖的文献资料最早出现在秦汉魏晋时期，《三国志》《后汉书》《水经注》中均有所记载。随着时间的推移，相关记载逐渐增加，对巢湖的描述也越来越清晰。其中《明史·地理志》《清史稿·地理志》明确记载巢湖水域"延袤四百余里"。

巢湖中有姥山、鞋山，湖畔有四顶山、龟山、卧牛山。卧牛山位于巢湖市中，现海拔48米。在清代以前，人们可以从卧牛山顶远眺巢湖，还可以听到湖上传来的阵阵渔歌。清人刘桢、孙枝芳的诗中都曾有相关描述。然而，由于湖泊的自然变迁和历代围垦，巢湖湖面缩小了不少。在鼎盛时期时，其面积曾达2000多平方千米；如今，巢湖湖水面积与古巢湖相比，缩小了60%以上，已远离卧牛山了，即便没有拔地而起的城市高楼遮挡视线，登顶卧牛山也看不到巢湖了。

 **趣味坊**

变化的巢湖

科研人员发现，巢湖沉积物既有湖泊相的粉砂质黏土、湖沼相的泥炭，也有河流相的冲击砂等，这反映了巢湖历史上河流与湖泊强烈的交互作用。这种复杂的沉积相变化表现了巢湖在全新世期间经历了多次湖面波动和湖泊扩张、收缩过程。

6. 洪湖：云梦存余韵

位置：位于湖北省南部长江与东荆河间的洼地中。

面积：约413平方千米。

水深：平均水深2.7米。

特点：我国第七大淡水湖，湖北省第一大淡水湖。

形成原因：长江和汉水支流东荆河之间的大型浅水洼地壅塞湖。

"云梦泽到底在哪儿？"这是湖泊研究历史上争论较多的悬案。有观点认为，春秋时期的云梦泽主体在今荆州市（古江陵）与汉江之间，有一部分在汉江北岸，南部以长江为限，与长江以南的洞庭湖无关。现在，人们基本认为，先秦时代绵延数百里的云梦泽至唐宋时已不复存在了，取而代之的是太白湖、马骨湖、大浐湖、船官湖等小湖。这些小湖后来又相继淤成了陆地。明清之际，太白湖扩展成了江汉平原上最大的湖泊；清中叶以后，随着太白湖的再度淤填，洪湖成了浩渺的大湖。

历史上，洪湖连通着长江，湖的水位随长江水位变化而变化。1960年，新滩口建闸，把洪湖和长江隔断开来，湖水水位被人为控制。受到人类活动、气候变化等因素的影响，洪湖的湖泊生态系统发生了很大变化。从20世纪80年代初到21世纪初，洪湖进入大开发时期，人们在其周围掀起了一场"围湖大战"。渔民在洪湖中用插竿围网隔出无数个养殖池，用来养殖螃蟹。螃蟹除了吃围养水域内的水草，还需要额外投喂饵料才能育肥。由于无法精确掌握所需饲料量，过剩的饲料会在湖中腐烂变质，再加上过密的围网让湖水难以流动，洪湖水质恶化很快。

湖泊的自然演替原本是一个漫长的过程，但人类活动的负面干预会加速湖泊消亡的过程。带有掠夺式开发性质的"围湖大战"使洪湖出现严峻的生态危机，引起了各级政府的高度重视。1996年，洪湖湿地自然保护区成立。2000年，它成为省级保护区；2014年，升级为国家级自然保护区。洪湖湿地被列入《中国重要湿地保护名录》和《中国湿地保护行动计划》的优先保护项目。洪湖从此进入休养生息的阶段。多年来，相关部门通过洪湖拆围治理、渔民上岸、退垸还湖、生态修复等一系列政策与工程来保护洪湖的生物资源，洪湖再次焕发生机。

文化漫游

洪湖的精神

"洪湖水浪打浪，洪湖岸边是家乡……四处野鸭和菱藕，秋收满畈稻谷香……"洪湖是众多动植物的栖息地，也养育了一方英雄儿女。作为湘鄂西革命根据地的中心，洪湖保存有众多完整的革命时期遗址。

重生的洪湖水质有明显好转，菱莲复生，候鸟归来（中国科学院南京地理与湖泊研究所/供图）

7. 西湖：浓淡总相宜

位置： 位于浙江省杭州市西面。

面积： 约6.4平方千米。

水深： 平均水深2.3米。

特点： 我国主要的观赏性淡水湖泊之一，《世界遗产名录》中，中国唯一一个湖泊类文化遗产。

形成原因： 由海湾演变成潟湖，再演变成一个天然淡水湖泊，又由于历代的人工疏浚而发展为半人工半自然的湖泊。

苏堤由苏东坡所建，为西湖更添人文内涵（郭娅/摄）

西湖古称武林水、明圣湖、钱塘湖，位于浙江省杭州市西面。杭州倚湖而兴，因湖而名。历史上的杭州城发展始终围绕着西湖进行。

西湖成湖时间短，直到晋后期才与钱塘江分离形成潟湖，所以此前鲜见记载。589年，钱塘郡改称杭州。由于开通运河，且居江海之会，杭州得以迅速发展。唐代时，白居易出任杭州刺史。北宋时期，苏轼先后两次在杭州任职，并主持疏浚西湖，筑成苏堤。两位诗人都为西湖留下了绝美诗句。此后，历代诗人相继吟咏西湖之美，西湖之名也逐渐取代钱塘湖扬名天下。

南宋是西湖发展最为重要的时期。1127年，宋高宗赵构定都临安（今杭州），于是临安成为南宋政治与经济的中心，西湖的繁华也达到了顶峰。宋、元、明三代，西湖成为富豪商贾争相侵占的对象，湖面被分割得支离破碎，面积也逐渐缩小。直到明代弘治年间，杭州太守杨孟瑛的《开湖条议》得到明武宗的支持，勒令占湖为田、筑屋建园的富豪迁屋平田并入湖清淤，才使得西湖恢复往日景象。疏浚西湖时挖出的部分淤泥用于加固苏堤，其余大部分则被堆在湖西的山麓边，筑成一条长堤，称"杨公堤"。

如今，西湖不仅是杭州重要的旅游资源，还为周边的人们提供了充足的生活和灌溉用水。

文化漫游

白居易眼中的西湖

白居易在《钱塘湖春行》中描绘了当时还被称为"钱塘湖"的西湖美景："孤山寺北贾亭西，水面初平云脚低。几处早莺争暖树，谁家新燕啄春泥。乱花渐欲迷人眼，浅草才能没马蹄。最爱湖东行不足，绿杨阴里白沙堤。"

8. 白洋淀：芦花深深处

位置： 位于河北省保定市。

面积： 约336平方千米。

水深： 平均水深2.8米。

特点： 地处冲积平原，地势坦荡，略向东倾斜，白洋淀是此处诸多碟形浅洼中较大的一个。

形成原因： 属于河间洼地湖，是古白洋淀经过长期泥沙淤积分化解体后的残迹湖。

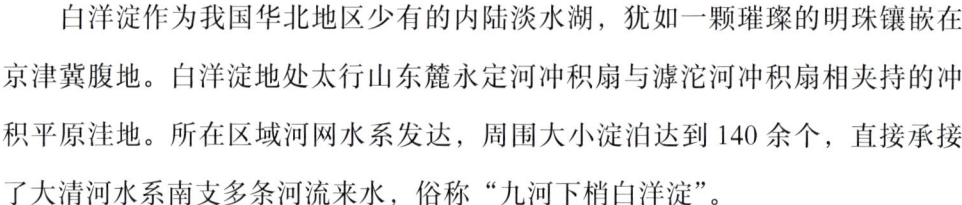

白洋淀作为我国华北地区少有的内陆淡水湖，犹如一颗璀璨的明珠镶嵌在京津冀腹地。白洋淀地处太行山东麓永定河冲积扇与滹沱河冲积扇相夹持的冲积平原洼地。所在区域河网水系发达，周围大小淀泊达到140余个，直接承接了大清河水系南支多条河流来水，俗称"九河下梢白洋淀"。

芦苇是白洋淀最著名的特产。白洋淀的芦苇为周围的人们提供了衣食生计：芦花穗可制作笤帚，花絮可填枕头，五月的苇叶可用来包粽子，鲜嫩的芦根可熬糖、酿酒，老芦根可入药，成熟的芦苇则可以织席打箔、铺房扎围、编篓围栏等。此外，含有大量纤维的芦苇也是造纸的上好原料。

白洋淀的芦苇荡还曾是抗击日本侵略者的战场。在这里，"雁翎队"头顶荷叶、嘴衔苇管，利用白洋淀独特的地理优势，以及灵活的作战技巧，在与日军作战中屡立奇功。

白洋淀属于半封闭式浅水湖泊。水源的供给主要来自大气降水和上游来水。

白洋淀的芦苇不仅是生态系统的重要组成部分,也为周围的人们带来了收入(中国科学院南京地理与湖泊研究所/供图)

水多了就涝,水少了就旱,曾多次濒临干涸。有资料显示,1517—1948年的400多年间,白洋淀水域干涸过四五次。根据明代的记载,15世纪末,白洋淀已经淤积成可耕种、可放牧的平地,其中北淀彻底干涸,成了牧马场。明正德年间,潴龙河决口,民田尽没,白洋淀重新蓄水成湖。但从20世纪60年代以来,白洋淀频繁缺水,20世纪80年代,它甚至一度彻底干涸。1972年后,国家对白洋淀开展了治理、生态修复,并延续至今。2017年3月,中共中央、国务院决定设立河北雄安新区,对于走过40余年治理之路的白洋淀来说,这也是一个崭新的开始。华北地区的水资源得到了重新配置,白洋淀一改多年来水资源缺乏的尴尬局面,重绽光彩。

文化漫游

易水寒

易水河是白洋淀上游的一条补给河,相传荆轲刺秦前"风萧萧兮易水寒,壮士一去兮不复还"的英雄悲歌就出自这里。唐代诗人骆宾王为此写了《于易水送人一绝》:"此地别燕丹,壮士发冲冠。昔时人已没,今日水犹寒。"

9. 千岛湖：峰峦立清波

位置：位于浙江省西部,杭州市淳安县境内。

面积：高水位(108米)时的水域面积约为580平方千米。

水深：平均水深约34米。

特点：千岛湖水质极佳,在中国大江大湖中居首位,为国家一级水体,不经处理即达饮用水标准。

形成原因：20世纪50年代修建新安江水电站大坝时形成的大型水库。

新安江水电站大坝 Ⓨ

千岛湖是一个特殊的湖泊。它的水体清澈，周边风景秀美，却不是一个因大自然的鬼斧神工而诞生的天然湖泊。它原名"新安江水库"，是中国第一座自行设计、自制设备的水电站。大坝将新安江上游拦截成一个巨大的湖泊，丘陵山岭被淹入水中，成为大小岛屿。蓄水完成后，水库中共有1078个丘陵和山峰露出水面，形成了名副其实的"千岛之湖"。1984年12月，浙江省地名委员会正式将新安江水库命名为"千岛湖"。

新安江流经的地层主要由砂岩、页岩构成。河床有鹅卵石等砾石铺垫，江水携带的泥沙少，蓄水后的千岛湖水质也很洁净，因此成为周边城市理想的水源地。但20世纪80年代，湖周边开始进行网箱养鱼、开发旅游，由于投放鱼种不适合、饲料和粪便过多、旅游景点密集等原因，千岛湖的水质受到了不良影响。1980—2000年的20年中，湖区局部甚至发生了水华现象。为了保证千岛湖水源地的清洁安全，2018年开始，浙江省淳安县以全流域为对象，对千岛湖进行了生态保护修复，采取了搬迁农村居民点、关停工矿企业及畜禽养殖场、治理入湖河流污染、封山育林、提升植物多样性等举措，终于获得了可喜的成果。

除了为周边提供水源、发电、防洪外，千岛湖区内还有着国家级森林公园，森林覆盖率达93%——它也是浙江省乃至华东地区重要的生态屏障。

文化漫游

诗人笔下新安江

李白游历新安江后，在《清溪行》中写道："清溪清我心，水色异诸水。借问新安江，见底何如此。人行明镜中，鸟度屏风里。向晚猩猩啼，空悲远游子。"

孟浩然在《宿建德江》一诗中写道："移舟泊烟渚，日暮客愁新。野旷天低树，江清月近人。"这里的建德江是指新安江流经建德（今属浙江）的一段江水。

五 | 东北大地的"丰饶之源"

长白山天池全景（邢路宁/摄）

1. 天池：瑶池出画卷

位置： 位于吉林省东南部。

面积： 约9.8平方千米。

水深： 平均水深约204米。

特点： 中国第一深水湖和面积最大的火山口湖。

形成原因： 全新世时，以长白山为中心发生火山喷发，形成高耸的锥状山体，其顶部塌陷后形成漏斗状洼地，最终积水成湖。

　　表面安静美好的长白山天池是一个典型的火山口湖，下面"压着"一座休眠的活火山。这座火山的"情绪"不是很稳定，历史上曾发生过多次喷发，仅16世纪以来就有3次喷发的记录。我们现在看到的天池就是这座火山在1702年最后一次喷发后，火山口处逐渐积水形成的。天池周边的长白十六峰（16座海拔2500米以上的山峰）也都是由这座火山喷发形成的。因为火山的存在，天池的湖区有不少温泉。其中最大的温泉带出现在天文峰下，水温42°C左右。

　　天池上天气变化多端，风大、低温、多雾，全年大多数时间都有积雪覆盖，经常前一小时还天气晴朗，下一刻就阴云密布——想看到天池的真容需要一点运气。长白山区由于其特殊的位置，来自太平洋的海洋气团（夏季）和来自西伯利亚的大陆气团（冬季）到这里后都被迫爬升，这片区域降水量较多。长白山北坡的降水量分布随海拔高度升高而增加，到了天池的位置，年平均降水量1400毫米。

天池北侧"闼门"的长白瀑布

长白山壮观的山体

天池北侧有一个缺口——"闼门",一年四季都有大量天池水从此处跌下陡崖,形成落差68米的长白瀑布。这是松花江的源头。"闼门"的泄水量大于降水量,幸好天池的主要水量来源是地下径流,其占了天池水量来源的65%。

长白山天池的径流补给主要来自地下径流。因为长白山山体是由火山熔岩和火山碎屑物(如浮岩、火山灰等)组成的,两者的渗水性都很好,所以降雨和冰雪融水大部分都会快速渗入地下,基本不会产生地表径流。天池周边的地下水向天池汇集,以温泉水和裂隙水的形式汇入湖中。

天池自11月末开始结冰,第二年6月中旬解冻。过低的水温加上超过半年的漫长封冻期使得湖水中含氧量极低。此外,由于水中几乎没有微生物,湖四周植物又极其稀少,导致湖中鲜有鱼类生存。

传说中的水怪也是天池吸引人们的原因之一。《奉天通志》《长白山岗志略》有相关描述,现代也有过类似报道,但不同目击者的描述却大相径庭。根据现有的调查,还没有发现适合在天池环境条件下长期生存的大型生物。人们看到的"水怪",有一部分已经基本可以证明是水獭、快艇等其他物体。

科学概念

活火山

还在喷发,或者现今虽未喷发,但有活动性,未来可能喷发的火山。长白山是一座活火山,它在历史上并没有发生过大喷发事件,只有一些小规模活动,并没有对周边地区造成重大影响。

休眠火山

现在没有喷发但将来可能喷发的火山。火山可能休眠几百、几千甚至几百万年再喷发。

死火山

虽然保存着火山形态和喷发物,但是既无历史上的喷发记录,又无活动性表现的火山。不过,火山会意外地喷发,毁灭了庞贝城的维苏威火山就曾被认为是死火山。

2. 查干湖:源头活水来

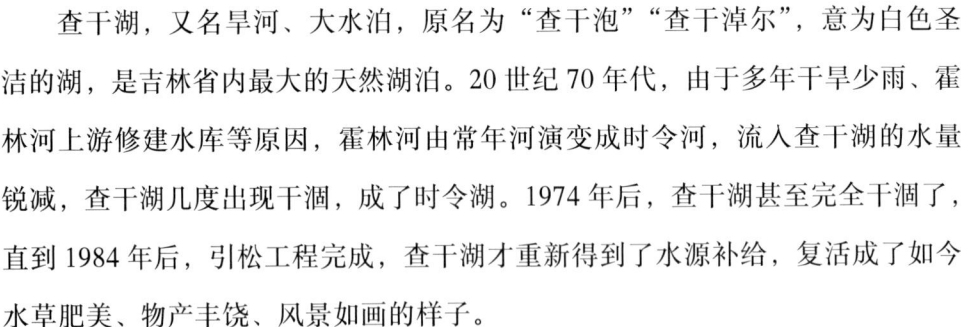

位置: 位于吉林省西北部,前郭尔罗斯蒙古族自治县、乾安县及大安市境内。

面积: 约324平方千米。

水深: 平均水深2.5米。

特点: 湖水呈现乳白色,透明度仅为0.12米,属于微咸水富营养类型湖泊。

形成原因: 霍林河的出口被泥沙封淤成无尾河后,河水在查干洼地积聚并不断扩大,形成河成湖。

　　查干湖,又名旱河、大水泊,原名为"查干泡""查干淖尔",意为白色圣洁的湖,是吉林省内最大的天然湖泊。20世纪70年代,由于多年干旱少雨、霍林河上游修建水库等原因,霍林河由常年河演变成时令河,流入查干湖的水量锐减,查干湖几度出现干涸,成了时令湖。1974年后,查干湖甚至完全干涸了,直到1984年后,引松工程完成,查干湖才重新得到了水源补给,复活成了如今水草肥美、物产丰饶、风景如画的样子。

　　和湖水一起得到修复和延续的是湖畔人民的传统生活方式。北国的冬天因冰雪而沉寂,而查干湖的冬天则因冰雪而热闹非凡。这里居住着中国北方最后一处渔猎部落,古老的"冬捕"在这里生生不息。查干湖冬捕文化始自辽金时代,当地素来有吃"冰鱼"的习俗。

查干湖的整个冬捕活动都靠马车和人力进行 ⓨ

每年12月,当气温降到最低点,查干湖便迎来了大规模的冬捕。渔民们在冬捕之前都要进行祭湖醒网仪式。之后,"渔把头"一声号令,便启动了冬季渔猎行动。开捕前,"渔把头"望闻问切,查看冰的颜色,听着敲击冰面的声音,辨别风向,判断鱼群走向,辨别鱼群的位置。所有渔民根据"渔把头"的经验,每隔20多米在冰面上凿一个冰洞,近百个冰洞组成一个巨大的圆,然后长竿穿针引线般带着渔网进入冰面下的湖水中,最后将网绳挂在绞盘上,用马匹拖动绞盘。起网时,成千上万条鲜鱼被拉出水面,蹦跳的鱼和银装素裹的冰面形成一道独特的景观。查干湖冬捕所有的操作都不使用现代化工具,以避免机油对湖水的污染。渔网一律采用疏织网,网眼宽大,只捞5年以上的大鱼,以保证查干湖鱼的繁衍。2008年,查干湖冬捕被列入国家级非物质文化遗产保护名录。

3. 五大连池：熔岩绘"石书"

位置：位于黑龙江省黑河市五大连池市。

面积：非汛期合计总面积约16平方千米。

水深：湖水深浅不一，各池平均水深2.5—4.5米。

特点：每个湖泊颜色各异，形态不一。

形成原因：我国第二大熔岩堰塞湖，由老黑山、火烧山两座火山喷溢的玄武岩熔岩流堵塞乌德林河，使水流受阻，形成彼此相连呈串珠状的5个小湖。

五大连池旧称"乌德林池"，湖水依赖涌泉和地表径流补给，主要入湖溪流有石龙河（原称白河），湖水由北向南流，依次由五池流经四池、三池、二池和头池，最后注入嫩江。

五大连池沿湖有14座火山锥，有规律地呈"井"字排列，犹如一副摆好棋子的棋盘。这些火山的喷发时间跨度约200万年：全新世早期的火山活动在这里形成了大片熔岩台地；全新世中期的再次喷发形成了老黑山、火烧山两个火山锥体；晚近期所喷溢出的火山熔岩流覆盖了早、中期的熔岩台地，五大连池在这一时期形成。

五大连池中，三池面积最大，有"地质界湖"之称。湖区西岸是晚近期火山熔岩地貌，东岸是远古泥砂岩地貌，行走在两岸之间，仿佛穿越亿万年的时光隧道。三池的水呈现黄、绿、棕等多种颜色，变幻莫测——不同的矿物质溶解在湖水中呈现不同的颜色，加上不同颜色的湖泊底部沉积物及藻类，导致湖

五大连池地貌（桂智凡/摄）

水呈现多种颜色。

　　这片区域中，近代熔岩地貌类型齐全，是我国保存最好的天然"火山博物馆"。在这200多万年中，五大连池经历了多次火山喷发，炽热的岩浆喷溢与流淌之处，地表植被曾经被毁灭殆尽。但在时间和水的作用下，这里复杂多样的火山熔岩地貌和特殊的生境条件又孕育出了独特的生态系统。目前，区域内有植物1044种，野生动物121种，陆域生物群落从地衣苔藓群落到针阔叶混交林，水域沉水植物群落、浮叶植物群落均有分布。这片生机勃勃的地区，不仅向我们展示了地球上火山爆发后最伟大的场景，也再现了地球生命演替特别是火山熔岩上生命占领和演变的全部过程。

 科学概念

翻花熔岩
　　当地称为"翻花石"，即渣块熔岩。熔岩在流动时，外层不断固结，又不断破裂，形成渣块；渣块又随同液体熔岩翻滚、黏结，形成了表面多刺、多气孔、形似炉渣的样子。

结壳熔岩
　　泛指熔岩流表面比较平坦、光滑的一类熔岩。这种熔岩硅质含量较少，黏度小，易流动，流动时表层先凝结成了薄壳；薄壳会受到其下还在流动的熔岩推挤拖曳，发生塑性变形，形成发皱的熔岩构造。皱纹多呈弧形，弧顶所指方向一般即熔岩流动方向。

4. 镜泊湖：火山鬼神工

位置：位于黑龙江省宁安市西南部。

面积：约91.5平方千米。

水深：平均水深约13米。

特点：中国面积最大的熔岩堰塞湖，世界第二大高山堰塞湖。

形成原因：新生代第三纪中期所形成的断陷谷地，在第四纪晚期发生断裂，断块陷落部分奠定了今日湖盆基础。

夏季的镜泊湖（黑龙江省镜泊湖风景名胜区自然保护区管理委员会／供图）

冬季的镜泊湖

镜泊湖在唐代称"忽汗海",辽金时期称"湄沱湖",明代称"镜泊湖",清代称"毕尔腾湖"。注入湖泊的河流除牡丹江干流外,还有大梨树沟河、尔站西沟河等小河流。湖水向东北泻出,注入瀑布深潭。湖的出口处,玄武岩构成陡峻的峭壁,湖水由上冲泻而下,形成一个宽约30多米、落差20多米的瀑布,俗称"吊水楼"。瀑布下的深潭满语称为"发库",即"海眼"之意,湖水从此处流入牡丹江中。

镜泊湖山脉位于长白山张广才岭与老爷岭过渡地区,属低山丘陵地貌。湖西山势起伏较大,湖东及湖南山势较平缓;湖北是熔岩台地,地势平坦。镜泊湖周围有大小12个火山口,西北部的火山群自100万年前起就不断喷发,形成了一条长达百余里的玄武岩台地。距今4800年前的最后一次火山爆发喷出的熔岩流与喷发物汇集,

文化漫游

考古宝地

镜泊湖周边分布着大量文化遗存。有新石器时代先民遗址,如莺歌岭遗址、西湖岫屯遗址、菱角崴子遗址等。在这些地点,发掘出了新石器时代的各种陶器、研磨器、石刀、石斧、黑曜石镞等。镜泊湖边还分布着唐代渤海国和金代的一些古城遗址,如城子后山城、重唇河山城、城墙砬子山城等。

在吊水楼附近形成了一道玄武岩堰塞堤,堵塞了牡丹江河道及其支流,形成了镜泊湖,也形成了小北湖、钻心湖、鸳鸯池等一系列大小湖泊。

镜泊湖被群山环抱,周围的火山口中生长着茂密的原始针阔混交林。这些火山口内壁陡峭,接近90°,植物生长其中,被称为"地下森林"。1982年,镜泊湖及其周边的火山遗迹、原始森林及人文遗址区域,被国务院首批审定为国家级重点风景名胜区,具有历史文化价值、动植物研究价值、地质研究价值、生态保护价值。2006年,镜泊湖被世界教科文组织评为世界地质公园。此外,镜泊湖的水还为人们提供了清洁的能源——人们利用湖水落差兴建了镜泊湖电厂,所发电力输往黑龙江和吉林部分地区。

火山口森林 Ⓨ

交流展示

我对 _____（湖泊名）有兴趣。

我去图书馆查了资料，找到了有关这个湖的诗句：

_____

_____

有关的趣闻故事：

_____

_____

著名人物的题字：

_____

第六章
我们的湖与我们

大自然的故事总是要与人的故事有交集，才会显出曲折跌宕、精彩壮美。中华大地上，湖泊的命运与中国人民的过去和现在交织在一起，我们也将一起走向未来。

一 | 远古文明的养育者

良渚文化遗址中出土的陶器和玉器 Ⓨ

我们的文明是依傍水系而建立的。湖泊在中华文化发展的过程中扮演着重要角色。中华民族的祖先在长期与湖泊打交道的过程中，逐渐认识、开发和利用湖泊，并形成了独特的湖泊文化现象。在众多与湖泊相关的古代遗迹中，较典型且著名的是新石器时代的良渚文化。

1936年，距今5300—4300年的良渚文化被发现于浙江省余杭县（今杭州市余杭区）良渚一带，遗址主要集中分布在太湖的东、南和北面的平原地带——浙北、苏南及上海一带，是新石器时代晚期在长江下游环太湖地区出现的东亚最早的"王国"。

良渚文化在太湖流域的繁荣和湖泊环境是分不开的。这片区域靠近水源、土地肥沃，适宜农耕，可供渔猎采集的生物物种也非常丰富。先民们利用这些有利条件，发展出了发达的稻作农业，以及包括玉石雕刻、制陶、竹器编织、丝麻纺织等在内的手工业，甚至兴建了简单的水利工程。但是繁盛一时的良渚文化在4000多年前突然衰退消失，引起了不少学术上的争论。主要观点有气候突变论、特大洪水论，以及自身发展消亡论等。

研究人员根据植被孢粉等线索推测出了当时的气候状况：距今4000—3000年时，中国东部由于气候与洋流变化，出现了高海平面的情况，强海侵或丰富的降水令江河湖泊持续保持高水位。因此，洪水很可能是良渚文化走向衰落的原因。太湖流域的充足水源成就了良渚文化，但也是这种湖沼纵横的环境最终给了它致命一击。

文化漫游

新石器时代部分著名文化遗存

长江流域有河姆渡文化、马家浜文化、崧泽文化、良渚文化、大溪文化、屈家岭文化、石家河文化等。山东和苏北地区有后李文化、大汶口文化、龙山文化等。黄河流域有裴李岗文化、仰韶文化等。东北地区有兴隆洼文化、赵宝沟文化、红山文化等。

二 | 沉默可靠的守护神

蓄水后的丹江口水库（中国南水北调中线工程的调水源头）一侧，筑坝围出了一片人工湖——太极湖 ⓨ

湖泊能为城市集中式供水提供稳定的水源 ⓨ

在数千年的人类文明演进中，具有独特功能的湖泊是维系人与自然和谐发展的重要纽带。时至今日，我们仍然源源不断地从湖泊中获得资源和保护。

1. 供水安全的基石

湖泊、河流和地下水是我国城市集中式饮用水源地"三驾马车"。我国293个地级市和55个100万人口以上的县级市的1093个集中式饮用水源地中，湖泊型、河流型和地下水型水源地数量占比分别为40.6%、30.8%和28.6%。这3种水源地服务的人口占比分别为47.2%、36.8%和16.0%。北京、上海、深圳等10个重点城市中，使用湖泊型水源地的超过七成。在全国范围内，胡焕庸线以东人口聚集区，湖泊型水源地服务的人口比例达51%。从以上数据可知，湖泊对保障饮用水供应是多么重要。

为什么我们的城市会如此依赖湖泊供给饮用水？因为与河流或地下水相比，湖泊能提供更优质、更稳定的

科学概念

胡焕庸线

关于中国人口地理分布密度特征的一个经典模型。此线北起黑龙江省黑河，南达云南省腾冲，将中国人口分布划分为两个密度特征区。

鄱阳湖在春夏储蓄大量上游来水——在丰水期，鞋山如水中小船 ⓨ

水源。河流的水量、水位变化大，丰水期水量增长较快，枯水期取水却可能遇到问题。比如，位置处于河流入海口的城市，枯水期时，就会遇到河流上游来水减少、海水倒灌的情况，饮用水会因此变得咸涩。地下水的开采成本较高，有些地区的地质结构也不适宜开采地下水。湖泊蓄存的水则能稳定地保障供水。

比如，随着南水北调中线工程等一系列重大调水工程的实施，丹江口水库的优质湖泊水被源源不断地输送到地表水资源匮乏的北京、天津、河南和河北，以满足城市集中式供水的需求。2020—2021年，南水北调中线工程从丹江口水库总调水量达90.54亿立方米，其中70.65亿立方米为饮用水，直接受益人口约7900万。千岛湖则是长三角最大的战略水源地和"水塔"。千岛湖的配供水工程保障了杭州、嘉兴等城市的供水安全。

2. 防洪抗旱的功臣

如果奔腾的大江大河不再与那些深深浅浅的湖泊相连，会发生什么？在冰雪融化量大、降水多的春夏，河水会毫无阻碍地快速冲向大海，削去两岸的土壤，让河岸越来越陡峭；如果河岸发生垮塌，河水就会肆无忌惮地漫上平原。在寒冷少雨的秋冬季节，河流则逐渐干涸，流域内的生物得不到水源滋润。那些与江河连通的湖泊正是河流水量变化的"缓冲垫"，它们通过洪水蓄积和径流补给，在调节河川水量、补给地下水、减轻洪涝灾害等方面发挥着重要作用。

我国面积大于1平方千米的湖泊水量调节总量接近1500亿立方米，东部平原湖泊群调节能力最强，占全国季节性调蓄总量的45%。以鄱阳湖为例，它在丰水期削减洪峰流量可占流域内总水储量变幅的15%—30%，有效缓解了长江干流对支流来水的承接压力，降低了沿岸地区的洪水风险。2020年7月，长江中下游流域受强降雨影响，遥感观测数据显示，在这个汛期，鄱阳湖及流域内其他湖泊的总调蓄量约为151亿立方米！

除了调蓄洪水外，湖泊中储存的淡水还能缩短干旱持续时间、减轻干旱严重程度。2003年秋季、2006—2007年冬季、2011年春秋季，洞庭湖和鄱阳湖地区遭受严重干旱，两个大型湖泊为环湖地区上千万人口的生活、农业灌溉和工业生产提供了近百亿立方米淡水。2019年，长江中下游地区夏季洪涝，入秋后迅速转换为干旱，在这一涝旱急转事件中，在流域内多个水库干涸的情况下，

鄱阳湖在秋冬枯水期，鞋山脚下的土地都露出水面 ⓨ

洞庭湖和鄱阳湖仍为周边提供了近 30 亿立方米淡水，极大地缓解了环湖区的生产、生活和生态用水压力。

3. 丰饶的鱼米乡

有水才有活力，湖泊型流域可能是最适合经济发展的区域了。以长江流域为例，面积在 10 平方千米以上的湖泊有 145 个，其对应的流域面积占整个长江流域面积的 33.6%，在这些区域内，人口和 GDP 分别占整个长江流域的 45.0% 和 47.4%。其中，贡献最大的是太湖流域。《2021 年太湖流域及东南诸河水资源公报》显示，2021 年，太湖流域总人口 6811 万人，占全国总人口的 4.8%；地区生产总值 112 736 亿元，占全国 GDP 的 9.9%；人均 GDP16.5 万元，是全国人均 GDP 的 2 倍——太湖流域的国土面积仅占全国的 0.4%，但贡献了全国近 10% 的 GDP。如今，长江流域的太湖、巢湖、鄱阳湖等重要湖泊周围又新建了许多滨湖新城，为经济发展进一步扩展了空间。

我国九大商品粮基地（太湖平原、鄱阳湖平原、洞庭湖平原、江汉平原、江淮平原、成都平原、松嫩平原、三江平原和珠江三角洲）中，有 7 个位于江淮湖群和东北平原湖群。在我国 13 个粮食主产区中，有 9 个位于江淮湖群（湖南、湖北、江西、安徽、江苏）、东北平原湖群（黑龙江、吉林、辽宁）和蒙新湖群（内蒙古）周边。

环绕湖泊流域，渔业是重要的支柱产业之一。联合国粮食及农业组织 2018 年的报告显示：2016 年，中国捕捞渔业和水产养殖产量占全球产量的 39.1%，其中，水产养殖全球占比 61.5%。湖泊渔业在全国渔业生产中占据举足轻重的地位。2021 年《中国渔业统计年鉴》显示，2020 年湖泊水产养殖面积占全国淡水养殖面积的 42.5%，占全国水产养殖面积的 30.4%。

湖泊也是"无烟工业"——旅游业的富饶"矿脉"。湖泊是城市的眼睛和心肺，

西湖的人文积淀和自然景观吸引了大量游客,为周边带来经济收益 ⓨ

给城市带来灵气和秀气。湖泊景观类型多样、水文形态多姿多彩、人文积淀深厚,是旅游开发的重要内容和载体。太湖、洱海、喀纳斯湖、长白山天池、杭州西湖、千岛湖等许多湖泊已经成为世界闻名的旅游目的地。在做好生态环境保护的前提下,人和湖泊能共同组成靓丽的风景线。

此外,湖泊在蓄能发电、农业灌溉、内河航运、固碳降污等方面也有着重要作用。

4. 生态安全的屏障

湖泊对于区域气候调节的作用普通人往往无法直接感知,但这一作用极其重要,关系着整个区域的生存和发展。对于中国北方干旱—半干旱或高寒地区来说,湖泊的生态安全屏障作用尤为明显。

青海湖作为中国最大的内陆高原咸水湖泊,是我国西北部重要的水源涵养

青海湖畔的湿地

艾比湖布满矿物结晶的礁石

地和水汽循环通道,被称为我国西北部的"气候调节器""空气加湿器",也是青藏高原的物种基因库。青海湖阻挡着西北部荒漠向东蔓延的脚步,青藏高原北部和青藏高原东部生态安全维系在它的肩头。

蒙新高原的"一湖两海"(呼伦湖、乌梁素海和岱海)是内蒙古自治区三大内陆湖。其中,呼伦湖作为亚洲中部草原最大的淡水湖,调节着整个呼伦贝尔草原气候,维系着草原生态平衡。它与大兴安岭一起,共同构筑了我国东北和华北生态安全屏障。

地处干旱亚欧大陆腹地的艾比湖则发挥着保护北疆至"一带一路"沿线地区的作用。艾比湖位于新疆准噶尔盆地,它周围的区域是中国中西部地区沙尘暴的主要源头之一。阿拉山口常年大风,沙尘暴、盐尘暴和浮尘天气频发,风蚀强度最大时,每月剥蚀深度可达1.18厘米,每年约有4.8×10^6吨盐尘从地面进入大气。艾比湖如今虽然面积萎缩,但它仍然调节着周围荒漠区的气候,湖水也有防风固沙的作用。如果没有艾比湖,沙尘将直接威胁到北疆生态安全和经济的可持续发展,甚至威胁中哈过境铁路的安全。

5. 美丽湖泊,多样生命

我国地域辽阔,自然环境区域差异明显,独特的水文环境与地形地貌特征孕育了丰富多样的湖泊类群。这样的环境也为众多动植物营造了家园。

比如,东部平原湖区的江淮湖群就是东亚水生生物种质资源演化中心区之一,也是全球生物多样性研究与保护的热点地区。洞庭湖湿地有高等植物311种、野生动物511种;鄱阳湖有高等植物551种、野生动物409种。2011—2020年,鄱阳湖候鸟物种数量在32万—69万只之间,候鸟种类数量在42—69种之间。2020年,在鄱阳湖观测到白鹤4015只,占全球白鹤总数量的96%以上;东方白鹤5620只,占全球总数量的93%以上,充分体现了通江湖泊湿地在生物多样性保护中的地位与作用。

近20年来,长江下游以太湖为代表的平原浅水湖泊群虽然出现了水体富营养化的问题,但仍然是生物物种高度集中的区域。在对太湖开展的生态调查中,仅底栖动物就有68种,鱼类近100种。

青藏高原湖区虽然生物物种相对贫乏,但存在较多特有种——轮虫有93种、桡足类有2种。青海湖地处中亚、东亚两条水鸟迁徙路径的交汇点,也是水鸟重要的繁殖地和越冬地,常年能观测到的水鸟有50余种,总数在20万—40万只之间。

东北平原湖区的兴凯湖及其支流所形成的湖泛平原是亚太地区水鸟的重要迁飞区和栖息繁殖地,在横跨亚欧大陆的3条主要候鸟迁徙路线上,为大量候鸟提供了停歇处、觅食地。在这一区域,观测到的鸟类有120余种。每年春秋季节,迁徙经过此地的雁鸭类数量在100万只以上。

洞庭湖的芦苇是很多动物赖以生存的栖息地 ⓨ

扎龙湿地保护区为丹顶鹤等鸟类提供了繁殖与觅食的庇护所

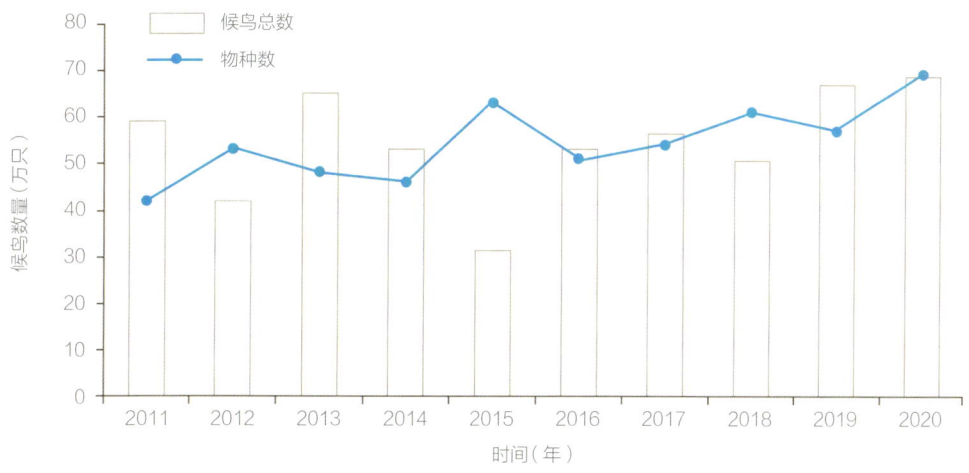

鄱阳湖候鸟总数与物种数多年变化趋势（数据来源：江西鄱阳湖国家级自然保护区管理局年度监测报告）

西北蒙新高原湖泊多为内陆咸水湖，生物多样性虽然比不上东部的通江湖泊，但在物种数量上仍然完胜区域内其他类型的生态系统。如博斯腾湖有浮游植物54属，浮游动物39种，底栖动物5种，鱼类21种，维管束水生植物11种。

截至2023年，中国有82个湿地被列入国际重要湿地名录，其中包括31个重要湖泊湿地。1992年，首批国际重要湿地名录中有3个是湖泊（青海湖国家级自然保护区、鄱阳湖国家级自然保护区、东洞庭湖国家级自然保护区），还有2个保护区（黑龙江扎龙国家级自然保护区、吉林向海国家级自然保护区）中包括了许多小湖泊和泡子。

三 | 我们是生命共同体

广东省惠州市西湖一隅,生态修复示范区(于谨磊/摄)

湖泊是生命的孕育者和守护者，但人类的无度索取却让很多湖泊受到伤害。近年来，气候变化及人类活动影响等因素导致湖泊陆续出现水体富营养化、水质污染、面积萎缩、湖水咸化等问题。湖泊的健康牵动人心。

1. 保持湖泊的健康

（1）治理太湖污染

2007年5月，一向作为无锡水源地的太湖水体忽然发黑、发臭，市民只能到超市购买纯净水，一场水危机暴发了。这一事件引起了全社会对湖泊富营养化问题的关注。当时还发生了更棘手的"湖泛"现象——在太湖西北部的竺山湾，出现了大面积的酱黑色水域（黑水团）。黑水团区域溶氧几乎为零，氨氮和硫化物浓度极高，气味难闻，连蓝藻都无法生存。黑水团的形成原因十分复杂，包括氮磷元素富集，温度高，蓝藻大量繁殖、大量死亡，湖面风力小，空气不流动……底泥中的有机质加上污水中的金属元素，在厌氧环境中发生了复杂的反应。2007年时，各种不利条件齐聚，导致太湖水质恶化。

这场水危机不是"突发的自然灾害"，而是"冰冻三尺非一日之寒"。这一事件虽然过去了10多年，但仍值得引以为戒。为了杜绝此类事件再次发生，太湖周边省市树立了"治养结合"的理念，在太湖流域内开展检测研究，落实产业转型、收集城镇污水、治理面源污染、减少点源污染、修复生态湿地等多种举措。

（2）守护巢湖清波

和太湖一样，周围人口密集的巢湖也面临着水体富营养化、蓝藻暴发的问题。为了让巢湖更好地得到保护，2006年，中国科学院南京地理与湖泊研究所在巢湖开展了"巢湖水污染治理与富营养化综合控制技术及工程示范"项目，主要对巢湖东部饮用水源区的水体富营养化和蓝藻水华威胁供水安全的问题进行监

青海湖退缩的湖水线（周舟/摄）

测治理。项目中采用了卫星、无人机、摄像头、浮标、数值模拟等手段和设备，实现现状掌握、异常识别、原因追溯、未来模拟的目标，避免水危机等事件发生。

（3）关注青海湖水位

青海湖地处半干旱高原地区，是以降水径流为主要水源补充的内陆湖泊。与人烟稠密地区的湖泊不同，青海湖面临的问题主要和气候变化相关。

青海湖所在区域长期干旱，太阳辐射强烈，日夜温差较大，风速较大，湖域蒸发量大于补给量，湖水水位长期趋于下降。但从近20年来的短时间尺度来看，青海湖湖面面积非但没有缩小，反而增大了。观测数据显示，由于西北地区气候暖湿化，降雨增多，冰雪消融，加上退耕还林还草，青海湖面积在2020年9月达到了17年来的最大值。青海湖面积无论是增还是减，都会给周围环境带来影响，需要我们密切关注。

（4）减少鄱阳湖水土流失

鄱阳湖是我国第一大淡水湖，流域水量多，湖体大，换水周期较短，湖水的自净、稀释能力强，湖水水质总体处于良好状态。然而，由于鄱阳湖特殊的

鄱阳湖枯水期,可以看到湖底淤积的泥沙(奚和平/摄)

地理位置,水土流失带来的危害比较严重。

鄱阳湖处于南方红壤丘陵地区,如果区域内植被减少、地表裸露,侵蚀的后果会十分严重:夏季的大量降雨会冲刷地表,将泥沙带入径流;秋冬季节,干燥的北风会刮蚀地面。鄱阳湖湖岸与长江河岸呈弯曲状,流水的离心力会不断冲刷岸边,掏空底部,导致崩坍——岸蚀也是入湖泥沙的重要来源。这些泥沙会在水流缓慢的湖泊底部沉淀,逐渐淤高鄱阳湖的湖盆。据测算,每年仅直接沉积在鄱阳湖底的泥沙就达800多万吨。

要减少水土流失,最重要的是合理利用土地资源,不盲目围湖造田,不毁林毁草,合理地进行矿业开发和基础建设。如果鄱阳湖继续淤积泥沙,会对航道通行、防洪防旱造成不利影响,严重影响工农业和生活取水,使鱼类资源快速衰减。

(5)防止赛里木湖草原退化

赛里木湖是新疆海拔最高、面积最大的山地冷水湖。赛里木湖流域的草场面积约730平方千米,占流域陆地面积的77%,其中西海草场是新疆重要的夏草场之一。然而由于湖区过度放牧、人为滥采滥挖和随意在湖滨草地开展旅游活动，湖区草原退化严重，其涵养水源、防止水土流失、防风固沙等生态功能受到影响。

在赛里木湖区域内，草原和湖水之间关系紧密。草原"生病"，湖泊也面临风险：草原退化会导致进入湖水的污染物增多；部分基础设施的建设和运行会造成水土流失；高白鲑等冷水鱼种水产养殖规模扩大，令残留在湖水中的人工饵料及鱼类排泄物增多……20世纪90年代中期至今，赛里木湖年均总氮、氨氮浓度上升趋势明显，总磷浓度先降低后小幅提升。赛里木湖的这一状况应得到关注。

（6）重视博斯腾湖咸化

博斯腾湖是我国干旱地区最大的内陆淡水湖泊。由于气候干燥，温差悬殊，其本身的水循环主要以蒸发为主，强烈蒸发致使湖泊水体大量损耗。博斯腾湖地处新疆天山南坡、焉耆盆地的最低点，这种地理位置使周围高地的盐分更易随水流聚集于湖中。

此外，开都河水量减少也是博斯腾湖加速咸化的原因——流经焉耆盆地的开都河是其水量的主要补给来源。焉耆盆地大量开荒造田，灌溉用水大幅增加，抢夺了入湖径流；流域内还修建了一批水利工程，减少了直接入湖的淡水水量；以条田改建、挖排渠治碱为中心的土地改良工程，将农田的高盐废水排入湖中，带入的盐量占博斯腾湖入湖盐量的80%。湖水逐渐蒸发、入湖水量减少、入湖盐量大幅度提高，博斯腾湖逐步咸化也就不奇怪了。

博斯腾湖咸化将对湖泊水生态系统造成直接的破坏和影响。湖中水生植物的细胞会因此失水，大面积死亡。水生植物的减少会导致水体中溶解氧降低，使湖中动植物因为缺氧而大面积死亡，直接影响水体中动物的种类和数量。咸化还会滋生大量耐盐藻类。如果任由咸化发展下去，最终将导致博斯腾湖成为无生命的死湖。

赛里木湖畔的牧场（谢志仁、樊仲英/摄）

2. 流域管理，精心呵护

湖泊面临的问题多样而复杂，它们的变化也会给我们的生产生活带来巨大影响。湖泊环境问题的根源在于流域，加强流域治理与管控，是解决湖泊环境问题的根本。

（1）保护立法

目前，我国还没有专门的湖泊保护法，但现有的法律规定已经涵盖了湖泊保护的内容。我国与保护湖泊有关的主要法律、法规主要是"一宪四法"，以及若干管理保护条例。

《中华人民共和国宪法》从国家职责和公民义务方面，对自然资源（包括湖泊）进行了保护。《中华人民共和国水法》《中华人民共和国水污染防治法》《中华人民共和国水土保持法》《中华人民共和国渔业法》从不同方面提出了保护规范。

> **科学概念**
>
> **湖泊流域**
>
> 流域是指被分水岭包围的集水区域。以分水岭为界线，以河流水系为集水中心，以物种、种群、群落、社会为要素互相依存而成为复杂的系统。
>
> 湖泊流域是以湖泊为主要受纳水体的一种流域类型。它将湖泊水体及其汇水区作为一个整体来考虑。

2011年11月颁布实施的《太湖流域管理条例》是我国第一个从流域层面考虑并制定的湖泊保护与管理条例。此后，各省也相继颁布并实施了相关保护条例，以及重点湖泊的专项保护条例。各地根据这些保护条例，在湖泊资源开发利用、湖泊污染物排放等多方面进行强力监管、严格问责，保护湖泊已成为"新常态"。

2022年6月1日，《中华人民共和国湿地保护法》正式施行，其中有不少涉及湖泊保护的内容，有力推动了湖泊保护的高质量发展。

（2）政府管理

2016年，中共中央办公厅、国务院办公厅印发了《关于全面推行河长制的意见》，并发出通知，要求各地区各部门结合实际认真贯彻落实。河长制是由各级党政主要负责人担任"河长"，负责组织领导相应河湖的管理和保护工作的机制。

2018年，中共中央办公厅、国务院办公厅印发了《关于在湖泊实施湖长制的指导意见》，要求各省区市将本行政区域内所有湖泊纳入全面推行湖长制工作范围，全面建立省、市、县、乡四级湖长制。湖长制是在河长制基础上的补充。河湖联动，紧密结合，以水为纽带，落实加强对河流湖泊水域岸线管理保护，加强水污染防治，加强水环境治理，加强水生态修复，加强执法监管。

（3）生态修复

在立法与管理的同时，一系列基于生态文明建设基本理念的科学治湖新思路被提了出来。生态修复是其中一种重要的治理方式。

湖泊生态修复是指通过一系列措施将已经退化的水生生态系统恢复到其原有水平。一般需要进行人工干预，包括重建干扰前的物理环境条件、调节水和土壤环境的化学条件、减轻生态系统的环境压力（减少营养盐或污染物的负荷）、原位处理（采用生物修复或生物调控的措施，包括重新引进已经消失的土著动物、植物区系，尽可能地保护水生生态系统中尚未退化的组成部分）等。

我们以安徽省马鞍山市的人工淡水湖秀山湖生态修复工程为例，来讲述这个过程。

秀山湖北补水口围隔施工（刘平平/摄）

在汇水口营造简易沉淀池与人工湿地（刘平平/摄）

对湖底进行基底改良（刘平平/摄）

优化生态链，捕捞野杂鱼（刘平平/摄）

①拦截外源污染。在治理之前，需要在短期内将入湖水源与湖区进行有效隔离，确保湖区成为一个较为封闭的施工区域。

②挖掘沉淀池、营造人工湿地。让上游养猪场等流出的污水先进入沉淀池和人工湿地，通过高等植物的吸收过滤，降低入湖水流中的营养盐。

③进行湖泊基底改良。秀山湖湖底土壤的微生物群落的多样性和丰度较低，微量元素含量不足，残留病原体，不利于高等植物的定植和存活。治理者需要通过改善基底，使土壤利于植物的生长。

④进行生态链优化。秀山湖的野杂鱼以鲫鱼为主，它们会食用大量水生植物，危害水生植物群落的构建。通过对野杂鱼的清除，能减少鱼类对水体的扰动及对沉水植物生长的影响。

科学思维 科学方法

创新

湖泊综合治理中需要运用创新思维。创新思维是指以超常规，甚至反常规的方式去思考问题，提出与众不同的解决方法，获得新颖独创的成果。科学研究中的重大突破往往和创新思维密不可分。

不同湖泊情况不同，影响水质的因素众多，在制订治理方案时，必定要用创新思维来解决实际问题。

生态修复前后的秀山湖对比（刘平平/摄）

经过这一系列修复，秀山湖重塑了水生植物、浮游生物、底栖动物、鱼类群落等相互依存的生态系统，湖体稳定性与自净能力得到提高，水质渐渐改善。

3. 构建山水林田湖草沙生命共同体

2020年8月，习近平总书记主持召开中共中央政治局会议，在审议《黄河流域生态保护和高质量发展规划纲要》时指出，要统筹推进山水林田湖草沙综合治理、系统治理、源头治理。

山是河湖流域系统水资源与降雨径流的主源地，如果做好了山区水源涵养，河流和湖泊都能受益；森林不仅能涵养水源，调节河川径流，而且能防止水土流失，保护土地；农田虽是透水性土地，但只要以可持续的方式养护农田，就能以土蓄水，保护水资源；湖泊流域是水资源的重要载体，而水又是维持自然生态和人类生活不可或缺的要素；草是先锋植物，是"地球皮肤"，能固沙保土，为林木的生长创造条件。中国的湖泊，以水为媒介，将水、土、植被、大气等自然要素和人口、社会、经济等人文要素联系起来，共同构成了"自然-社会-经济"复合系统。

交流展示

为了让家乡变得更美好,我要以实际行动,积极参与到保护湖泊的行动中来。我要做到这几点:

1. 游玩的时候,不往湖中扔垃圾。

图书在版编目（CIP）数据

认识中国湖／薛滨等著. —上海：上海科技教育出版社，2023.8（2024.4重印）
（认识中国书系／周忠和主编）
ISBN 978-7-5428-7959-2
Ⅰ.①认… Ⅱ.①薛… Ⅲ.①湖泊-介绍-中国 Ⅳ.①K928.43
中国国家版本馆CIP数据核字（2023）第098143号

认识中国书系
认识中国湖
RENSHI ZHONGGUO HU

薛滨 郭娅 龚伊 陈怡嘉 著

丛书策划	王世平
责任编辑	陈怡嘉 侯慧菊 顾巧燕 程著
版面设计	王彦悉
封面设计	肖祥德
图片来源	全书除作者署名图片外，来源标记如下：
	Ⓨ 北京图为媒网络科技有限公司（www.1tu.com）
	Ⓥ 汉华易美视觉科技有限公司（www.vcg.com）
出版发行	上海科技教育出版社有限公司
	（上海市闵行区号景路159弄A座8楼 邮政编码201101）
网　　址	www.sste.com　www.ewen.co
经　　销	各地新华书店
印　　刷	上海颛辉印刷厂有限公司
开　　本	787×1092　1/16
印　　张	11.25
插　　页	1
版　　次	2023年8月第1版
印　　次	2024年4月第2次印刷
书　　号	ISBN 978-7-5428-7959-2/N·1191
审 图 号	GS（2023）1195号
定　　价	88.00元

中国主要河流、湖泊分布图